Remicon

레미콘 · 건축 · 토목공사의 품질관리를 위한

# 레미콘 품질관리(VI)

한천구 저

기문당

# 머리말

본서는 ㈜건설미디어사에서 발행하는 월간지 『레미콘·아스콘·골재』에서 『한천구의 실무교실』 제1회부터 50회씩 모아 250회까지를 모은 『레미콘 품질관리(Ⅰ)~(Ⅴ)』에 이어 251회부터 300회까지를 모은 『레미콘 품질관리(Ⅵ)』이다.

처음 집필을 시작할 때는 40대의 젊은 나이였는데, 25년이란 세월이 지나 정년퇴임을 하고도 4년이 지나게 되었다. 다행히도 재직하고 있는 청주대학교에서 명예석좌교수로 임명받아 연구실이 있고, 연구생과도 함께 생활하니 얼마간은 집필에 문제가 없을 것 같다. 그러나 머지않아 연구실을 떠나야만 하는 상황도 발생할 수 있음에 이제는 워드며 편집도 내 손으로 하도록 노력하고 있다.

당초에는 300회까지만 집필하려고 계획하였는데, 아직 못다 정리한 미련이 남아 30년인 360회를 목표로 추가 집필을 계속해보고자 한다. 역시 독자 여러분들의 지속적인 관심과 지도편달을 부탁하는 바이다.

끝으로 제Ⅰ권~Ⅴ권에 이어 Ⅵ권이 발간될 수 있도록 기회를 마련해준 ㈜건설미디어사의 김종섭 발행인님과 정혜진 편집 국장님 및 편집 담당자님의 도움에 감사하고, 청주대학교 건축재료 시공 연구실에서 원고정리에 애써준 이혁주, 한수환, 후원야오 군 등 여러 제자에게 고맙게 생각하며, 출판을 도와준 기문당 강해작 사장님, 강희륭 부사장님 및 담당 직원분에게도 감사하는 마음을 전한다.

2022년, 12월.

우암산 기슭 연구실에서

한 천 구

# 차례

## I 원재료



## II 보통 콘크리트

## Ⅲ 특수 콘크리트

## Ⅳ 레미콘 품질관리

# Ⅰ 원재료

# 1 포틀랜드 시멘트의 종류와 특성

## 1.1 서언

콘크리트에 이용되는 시멘트의 종류는 포틀랜드 시멘트, 혼합 시멘트, 특수 시멘트로 구분할 수 있다.

이번 단원부터 몇 회는 시멘트의 종류와 특성에 대하여 설명하고자 하는데, 이 단원에서는 포틀랜드 시멘트에 관한 것으로부터 소개하고자 한다.

## 1.2 포틀랜드 시멘트의 분류 및 품질

1824년 영국의 벽돌공 조셉 아스프딘(Joseph Aspdin)이 「인조석 제조법의 개량」으로 특허를 얻은 것을 기점으로 오늘날 시멘트의 역사를 기록하고 있는데, 이때 포틀랜드 시멘트(Portland cement)란 영국 남단의 포틀랜드섬의 석회석인 Portland Stone의 색깔을 닮았다고 하여 붙여진 이름이다.

우리나라의 경우는 1967년 6월 29일 KS L 5201(포틀랜드 시멘트)로 최초 제정된 이래 10차례 이상 개정을 거쳐 현재에 이르고 있다. 현재의 KS L 5201에는 1종~5종의 종류와 품질이 규정되어 있는데, 미국과 일본의 규정과 비교한 분류는 표 1과 같고, 품질규정으로 화학 성분은 표 2, 물리 성능은 표 3과 같다.

표 1 포틀랜드 시멘트의 종류

| KS L 5201 | ASTM C150-89 | JIS R 5210 |
|---|---|---|
| 1종: 보통 포틀랜드 시멘트 | Type Ⅰ - For use when the special properties specified for any other type are not required | 보통 포틀랜드 시멘트<br>조강 포틀랜드 시멘트<br>초조강 포틀랜드 시멘트<br>중용열 포틀랜드 시멘트<br>저열 포틀랜드 시멘트<br>내황산염 포틀랜드 시멘트 |
| 2종: 중용열 포틀랜드 시멘트 | Type Ⅱ - For general use, more especially when moderate sulfate resistance or moderate heat of hydration is disired | |
| 3종: 조강 포틀랜드 시멘트 | Type Ⅲ - For use when high early strength is disired | |
| 4종: 저열 포틀랜드 시멘트 | Type Ⅳ - For use when a low heat of hydration is disired | |
| 5종: 내황산염 포틀랜드 시멘트 | Type Ⅴ - For use when high sulfate resistance is disired | |

표 2 화학 성분

| 항목 \ 종류 | 1종 | 2종 | 3종 | 4종 | 5종 |
|---|---|---|---|---|---|
| 산화 마그네슘 (MgO) % | 5.0 이하 | 5.0 이하 | 5.0 이하 | 5.0 이하 | 5.0 이하 |
| 삼산화황 ($SO_3$) % | 3.5 이하 | 3.0 이하 | 4.5 이하 | 3.5 이하 | 3.0 이하 |
| 감열 감량 % | 5.0 이하 | 5.0 이하 | 5.0 이하 | 5.0 이하 | 5.0 이하 |
| $C_3S$ % | - | 50 이하 | - | - | - |
| $C_2S$ % | - | - | - | 40 이상 | |
| $C_3A$ % | - | 8 이하 | - | 6.0 이하 | 4.0 이하 |

표 3 물리 성능

<table>
<tr><th colspan="3">항목 \ 종류</th><th>1종</th><th>2종</th><th>3종</th><th>4종</th><th>5종</th></tr>
<tr><td>분말도</td><td colspan="2">비 표면적<br>(blaine) $cm^2/g$</td><td>2 800<br>이상</td><td>2 800<br>이상</td><td>3 300<br>이상</td><td>2 800<br>이상</td><td>2 800<br>이상</td></tr>
<tr><td rowspan="2">안정도</td><td colspan="2">오토클레이브<br>팽창도 %</td><td>0.8 이하</td><td>0.8 이하</td><td>0.8 이하</td><td>0.8 이하</td><td>0.8 이하</td></tr>
<tr><td colspan="2">르샤틀리에<br>(Lechatelier) mm</td><td>10 이하</td><td>10 이하</td><td>10 이하</td><td>10 이하</td><td>10 이하</td></tr>
<tr><td rowspan="2">응결<br>시간</td><td rowspan="2">비카<br>시험</td><td>초결<br>분</td><td>60 이상</td><td>60 이상</td><td>45 이상</td><td>60 이상</td><td>60 이상</td></tr>
<tr><td>종결<br>시간</td><td>10 이하</td><td>10 이하</td><td>10 이하</td><td>10 이하</td><td>10 이하</td></tr>
<tr><td rowspan="2">수화열<br>J/g</td><td colspan="2">7일</td><td rowspan="2">–</td><td>290 이하</td><td rowspan="2">–</td><td>250 이하</td><td rowspan="2">–</td></tr>
<tr><td colspan="2">28일</td><td>340 이하</td><td>290 이하</td></tr>
<tr><td rowspan="5">압축<br>강도<br>MPa<br>($N/mm^2$)</td><td colspan="2">1일</td><td>–</td><td>–</td><td>10.0<br>이상</td><td>–</td><td>–</td></tr>
<tr><td colspan="2">3일</td><td>12.5<br>이상</td><td>7.5 이상</td><td>20.0<br>이상</td><td>–</td><td>10.0<br>이상</td></tr>
<tr><td colspan="2">7일</td><td>22.5<br>이상</td><td>15.0<br>이상</td><td>32.5<br>이상</td><td>7.5 이상</td><td>20.0<br>이상</td></tr>
<tr><td colspan="2">28일</td><td>42.5<br>이상</td><td>32.5<br>이상</td><td>47.5<br>이상</td><td>22.5<br>이상</td><td>40.0<br>이상</td></tr>
<tr><td colspan="2">91일</td><td></td><td></td><td></td><td>42.5<br>이상</td><td></td></tr>
</table>

## 1.3 시멘트의 종류별 특징

1종~5종의 각 시멘트별 특징은 명칭에서 알 수 있는 바와 같지만, 구체적인 특성과 용도는 표 4와 같다. 아울러 이와 같은 특성을 나타내기 위한 시멘트의 4대 조성광물의 일례는 그림 1과 같다. 이중 특히 5종 내황산염 시멘트의 경우는 모든 것은 1종 보통 포틀랜드 시멘트와 유사하나 알루미네이트상($C_3A$)만은 4 % 이하로 매우 적은 함유량을 나타내고 있다. 이는 황산염과 반응시 팽창을 일으키는 에트린가이트 생성을 적극적으로 줄여주도록 함으로써 황산염 저항성이 우수해지게 하기 위함 임을 알 수 있다. 참고적으로 1종, 2종, 3종 시멘트의 수화열 측정 일례는 그림 2와 같다.

표 4 포틀랜드 시멘트의 특성 및 용도

| 종류 | 특성 | 용도 |
|---|---|---|
| 1종 | 일반적인 특성을 지닌 시멘트로서 강도 발현성이 양호 | 일반 건축 토목공사에 범용적으로 사용 |
| 2종 | 수화열이 낮고 장기강도가 우수 건조수축 적고 내구성 양호 | Mass 콘크리트용 댐, 교량, 구조물 기초공사용 |
| 3종 | 초기강도 및 저온 강도 발현 양호 수밀성이 좋아 내구성이 양호<br>동결융해에 대한 내구성 양호 | 도로, 교량 등의 긴급공사, 동절기 공사<br>조기 탈형을 요구하는 2차 제품용 |
| 4종 | 수화열이 중용열 시멘트보다 낮음 장기강도 발현이 우수 | Mass 콘크리트용 댐, 교량 등의 대형 구조물 |
| 5종 | 해수 및 황산염에 대한 저항성 우수 수화열이 낮고 건조수축이 적음 장기강도 발현이 우수 | 항만시설, 해양구조물, 하수시설, 온천지대, 공장폐수 처리시설 |

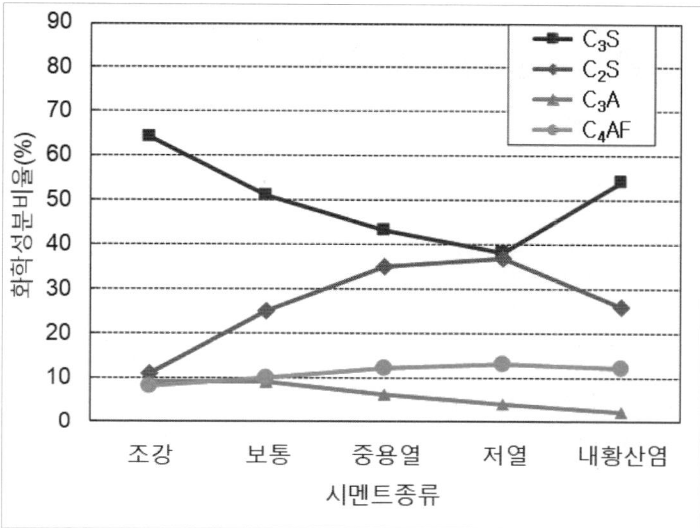


그림 1 포틀랜드 시멘트의 종류별 화학성분비

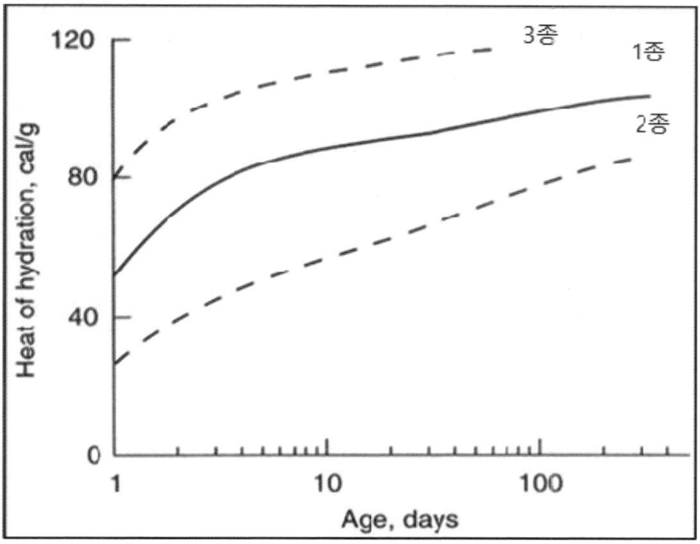


그림 2 시멘트 종류별 수화열 발생량

# 2 혼합 시멘트의 종류와 특성

## 2.1 서언

전 단원에서는 시멘트의 종류 중 포틀랜드 시멘트와 관련하여 분류 및 품질과 각 종류별 특징에 대하여 소개하였다. 이 단원에서는 전 단원의 연속으로 포졸란, 고로슬래그, 플라이애시 등을 혼합하여 제조하는 혼합 시멘트에 대하여 소개하도록 한다.

## 2.2 혼합 시멘트의 분류 및 품질

혼합 시멘트는 콘크리트용 혼화재료 중 비교적 사용량이 많은 혼화재(混和材)를 포틀랜드 시멘트에 석고와 함께 혼합되도록 하여 제조하는 시멘트를 말한다.

현행 KS표준에는 표 1과 같은 종류가 규정되어 있는데, 품질규정으로는 표 2와 같다.

표 1 혼합 시멘트의 종류

| 구분 | 국가표준 | 종류 | 비고 |
|---|---|---|---|
| 포졸란 시멘트 | KS L 5401-2017 | 1종: 5 초과 10 이하<br>2종: 10 초과 20 이하<br>3종: 20 초과 30 이하 | 1967.12.30 제정 |
| 고로슬래그 시멘트 | KS L 5210-2017 | 1종: 5 초과 30 이하<br>2종: 30 초과 60 이하<br>3종: 60 초과 70 이하 | 1978.7.12. 제정 |
| 플라이애시 시멘트 | KS L 5211-2013 | 1종: 5 초과 10 이하<br>2종: 10 초과 20 이하<br>3종: 20 초과 30 이하 | 1979.12.17 제정 |

표 2 혼합 시멘트의 품질규정

| 항목 | | | 포졸란 시멘트 | | | 고로슬래그 시멘트 | | | 플라이애시 시멘트 | | |
|---|---|---|---|---|---|---|---|---|---|---|---|
| | | | 1종 | 2종 | 3종 | 1종 | 2종 | 3종 | 1종 | 2종 | 3종 |
| 분말도 | 비표면적(Blaine) ($Cm^2/g$) | | 3 000 이상 | 3 000 이상 | 3 000 이상 | 3 000 이상 | 3 000 이상 | 3 300 이상 | 2 500 이상 | 2 500 이상 | 2 500 이상 |
| 응결시간 | 비카 시험 | 초결 (분) | 60 이상 | 60 이상 | 60 이상 | 45 | 60 | 60 | 60 이상 | 60 이상 | 60 이상 |
| | | 종결 (시간) | 10 이하 | 10 이하 | 10 이하 | 7 | 10 | 10 | 10 이하 | 10 이하 | 10 이하 |
| 안정도 | 오토클레이브 팽창도 또는 수축도 (%) | | ±0.5 이하 | ±0.5 이하 | ±0.5 이하 | 0.2 이하 | 0.2 이하 | 0.2 이하 | ±0.5 이하 | ±0.5 이하 | ±0.5 이하 |
| | 르샤틀리에 (Lechatelier) (mm) | | - | - | - | 10 이하 | 10 이하 | 10 이하 | 10 이하 | 10 이하 | 10 이하 |
| 압축강도 MPa ($N/mm^2$) | 3일 | | 12.5 이상 | 10.0 이상 | 7.5 이상 | 12.5 이상 | 10.0 이상 | 7.5 이상 | 12.5 이상 | 10.0 이상 | 7.5 이상 |
| | 7일 | | 22.5 이상 | 17.5 이상 | 15.0 이상 | 22.5 이상 | 17.5 이상 | 15.0 이상 | 22.5 이상 | 17.5 이상 | 15.0 이상 |
| | 28일 | | 42.5 이상 | 37.5 이상 | 32.5 이상 | 42.5 이상 | 42.5 이상 | 40.0 이상 | 42.5 이상 | 37.5 이상 | 32.5 이상 |
| 화학성분 | 산화마그네슘 (MgO) (%) | | 5.0 이하 | 5.0 이하 | 5.0 이하 | 3.5 이하 | 4.0 이하 | 4.5 이하 | 5.0 이하 | 5.0 이하 | 5.0 이하 |
| | 삼산화황 ($SO_3$) (%) | | 3.0 이하 | 3.0 이하 | 3.0 이하 | 5.0 이하 | 6.0 이하 | 6.0 이하 | 3.0 이하 | 3.0 이하 | 3.0 이하 |
| | 강열감량 (%) | | 3.0 이하 | - | - | 3.0 이하 | 3.0 이하 | 3.0 이하 | 3.0 이하 | - | - |

비고: 안정도 시험방법은 수요자의 요구에 따라 오토클레이브 시험과 르샤틀리에 시험 중 택일하여 실시한다.

## 2.3 혼합 시멘트의 종류별 특징

### (1) 포졸란 시멘트

포졸란 시멘트는 포틀랜드 시멘트의 클링커와 실리카질 혼합재에 적당량의 석고를 가하여 분쇄 혼합하여 만든다. 또한, 분쇄할 때 분쇄 조제를 사용하는 경우에는 그 품질 및 사용방법에 대하여 충분히 시험하여 시멘트의 품질에 악영향이 미치지 않는 것을 확인하여야 하며, 그 사용량은 시멘트의 1 % 이하로 한다.

이때 실리카질 혼합재는 포졸란 반응성을 갖는 천연의 화산재, 규산질백토, 규조토 등과 인공의 하소점토, 플라이애시 등이 있는데, 이산화규소($SiO_2$)를 60 % 이상 함유한 것을 사용하도록 규정하고 있다.

우리나라 KS표준에는 1967년에 혼합 시멘트로 최초 제정되어 9회의 개정을 거쳐 현재에 이르고 있다. 플라이애시 시멘트도 여기에 속할 수 있지만, KS 표준에 따르는 포졸란 시멘트로의 시판품은 찾아볼 수 없는 것이 현실이다. 이 시멘트로 제조된 콘크리트의 특징으로는 수밀성이 높고, 화학 저항성도 우수하지만 초기강도가 낮고, 중성화에 대한 대책이 필요하다.

### (2) 고로슬래그 시멘트

고로슬래그 시멘트는 포틀랜드 시멘트 클링커와 고로슬래그 및 석고에 분쇄조제를 1 % 이하로 사용하여 분쇄 혼합 또는 분쇄된 각 재료를 균일하게 혼합하여 제조한다. 이때 사용하는 고로슬래그는 물에 급냉시킨 수쇄슬래그로 고로슬래그의 염기도는 아래식과 같이하여 1.6 이상인 것을 사용한다.

$$\text{염기도} = \frac{CaO + MgO + Al_2O_3}{SiO_2}$$

수쇄슬래그를 이용하는 이유는 고로슬래그 미분말의 잠재수경성 반응을 이용하기 위함이다.

고로슬래그 시멘트로 제조된 콘크리트는 수화열이 낮고, 장기강도가 우수하며, 내화학성도 양호하여 매스콘크리트, 해양구조물 및 콘크리트 2차 제품 제조 등에 많이 이용된다. 단, 동절기 시공에서는 초기강도가 작은 점 및 내구성을 위한 양생방법에 주의를 해야 하는 점 등을 고려하여야 한다. 우리나라의 KS표준은 1978년 KS L 5210에 제정된 이래 7회의 개정을 거쳐 현재에 이르고 가장 많이 실무에서 사용하는 혼합시멘트이다. 일반적으로는 고로슬래그 미분말이 30~60 %(약 45 % 전후) 혼입된 2종이 가장 많이 이용되고 있다.

### (3) 플라이애시 시멘트

플라이애시 시멘트는 포틀랜드 시멘트 클링커와 플라이애시에 적당량의 석고를 가하여 분쇄 혼합시켜 만들거나, 또는 시멘트와 플라이애시를 균일하게 혼합하여 만든다. 이때 플라이애시는 화력발전소에서 유연탄을 연소시킬 때 발생하는 재(애시)를 포집한 구형의 유리상 입자로 포졸란 반응에 의해 강도가 증진되게 된다.

우리나라 KS표준에는 1979년에 제정되어 7회의 개정을 거쳐 현재에 이르지만 실무에서 제품으로는 찾아볼 수 없는 것이 현실이다. 특징으로는 포졸란 시멘트와 동일하다.

# 3 특수 시멘트

## 3.1 서언

시멘트 종류별 특성과 관련하여 이전 단원에서는 포틀랜드 시멘트와 혼합 시멘트에 대하여 기술하였다. 이 단원에서는 전 단원의 연속으로 별도의 기능을 갖는 특수 시멘트에 대하여 제조법 및 특성에 대하여 소개하고자 한다.

## 3.2 조강성 시멘트

### (1) 초조강 포틀랜드 시멘트

이 시멘트는 KS L 5201(포틀랜드 시멘트) 3종 조강 포틀랜드 시멘트의 3일 압축강도를 1일에 발휘할 수 있을 정도로 빠른 조강성을 나타내는 것이다. 시멘트의 제조방법은 클링커 결정질 중 조강성을 내게 하는 $C_3S$(Alite) 성분을 많게 하고, 저발열성을 내게 하는 $C_2S$(Blite) 성분을 적게 하며, 또한 시멘트의 분말을 미세하게(Blaine 5 000~6 000 $cm^2/g$) 분쇄하여 수화반응이 빠르게 진행되도록 제조한다. 이 시멘트의 용도로서는 긴급을 요하는 건설공사나 시멘트 2차 제품 제조에 사용될 수 있다.

### (2) 초속경 시멘트

이 시멘트는 전술한 초조강 포틀랜드 시멘트보다 더욱 빨라 2~3시간 만에 10 MPa 정도가 발휘될 수 있다. 제조방법은 $C_{11}A_7$의 알루미나 원으로 보크사이트(Bauxite), $CAF_2$원으로 형석을 사용하지만 전반적인 제조방법은 포틀랜드 시멘트와 동일하다. 클링커 광물조성의 일례로서는 $C_3S$ 50 %, $C_2S$ 2 %, $C_{11}A_7 \cdot CAF_2$ 20 %, $CAF_2$ 5 % 이고 여기에 필요에 따라 무수석고, 반수석고 등 첨가물을 첨가시킨 다음 분말도 6 000 $cm^2/g$ 정도로 미분쇄하여 제조한다. 또한 이 시멘트는 알루미나 클링커를 활용한 것과 아윈

(Hauyne)계 클링커를 활용한 것으로 나누어진다. 용도로서는 초조강 포틀랜드 시멘트와 동일한 것 이외에 숏크리트, 주입식 콘크리트 등이 있다.

## 3.3 의장성 시멘트

### (1) 백색 포틀랜드 시멘트

이 시멘트의 기본적인 물성은 보통 포틀랜드 시멘트와 유사하다. 단, 차이점은 색이 백색이라는 것인데, 백색을 내기 위해서 $Fe_2O_3$ 및 MgO 성분이 없는 점토를 이용하여 $C_4AF$(Felite)를 극히 적게 하고($Fe_2O_3$ 0.5 % 이하), 또한 클링커 소성과정에서도 석탄 대신에 중유나 가스를 사용한다. 용도는 건축물 내외장 마감, 백색 노출콘크리트, 테라조 등 미장재료에 주로 사용된다.

### (2) 착색 시멘트

이 시멘트는 백색 포틀랜드 시멘트에 유기·무기의 안료를 혼합하여 제조한다. 용도로서는 테라조 바닥미장이라든가 타일, 블록 등의 제품제조 및 칼라 노출 콘크리트로 하여 건축물의 외관을 아름답게 하는데 사용된다.

## 3.4 특수재료이용 시멘트

### (1) 알루미나 시멘트

이 시멘트는 알루미나 성분이 다량 함유되도록 제조한 것이다. 제조방법으로는 보크사이트(알루미늄의 원료광물)와 석회석을 적당한 비율로 혼합하여 1 400℃ 이상의 킬른에서 소성하는 방법과 전기로에서 용융시키는 방법이 있는데, 이렇게 소성된 클링커를 미분쇄(분말도 4 000~5 000 $cm^2/g$)하여 시멘트로 제조한다. 이 시멘트는 타설 후 4시간 만에 10 MPa, 재령 1일에 보통 포틀랜드 시멘트의 28일 강도가 발휘됨에 긴급공사에 이용된다. 또한, 이 시멘트는 내화성 및 내화학성능이 우수하여 내열온도 1 800℃까지의 내열제품에도 이용 가능하고, 내화물 성형품의 결합재료로도 사용되고 있다. 그러나 이 시멘트는 $Ca(OH)_2$가 생성되지 않아 철근을 녹슬게 할수 있고, 장기적으로는 강도가 감소하기도 하여 구조재료로는 적합하지 않다.

참고적으로 이 시멘트와 조강성 시멘트 간의 재령에 따른 강도 비교는 그림 1과 같다.

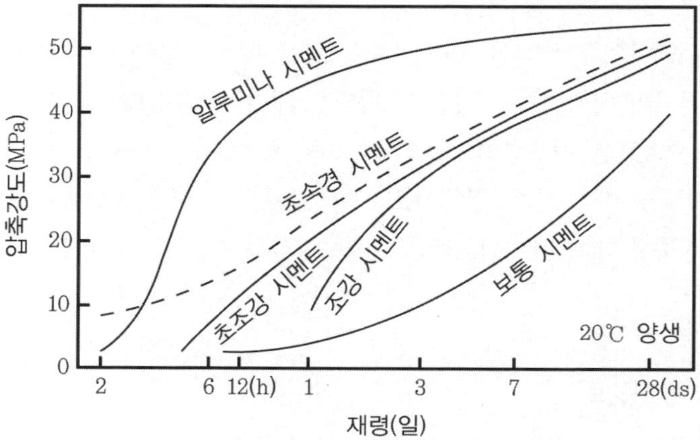


그림 1 알루미나 시멘트와 조강성 시멘트의 강도비교

### (2) 팽창 시멘트

이 시멘트는 콘크리트가 건조수축을 일으켜 균열이 발생하는 것을 방지하기 위하여 팽창재를 미리 혼합한 것이다. 팽창재는 $CaO-Al_2O_3-SO_3$계의 조성으로 석회석, 보크사이트, 석고를 1100~1300℃로 소성한 클링커를 분쇄하여 K형, S형, M형으로 이루어진 CSA계 베이스의 팽창재와 생석회의 체적팽창을 이용하는 O형인 생석회계 팽창재를 이용하는 팽창시멘트가 있다. 이 시멘트의 주된 용도는 지붕방수, 바닥, 수영장, 수조 등 구조체 균열 방지, 지하구조물 주입재, 흄관제조 등에 이용된다.

### (3) MDF 시멘트

이 시멘트는 수용성 폴리머를 시멘트에 혼합한 것으로서, 시멘트 수화생성물 경화체의 공극을 채우도록 압출 혹은 사출 방법으로 성형한 다음 건조상태로 양생한다. 폴리머 종류로는 PVA(Polyvinyl Alcohol), PAA(Polyacryl amide), HPMC(Hydroxypropyl methyl cellulose) 등이 있다. 단, 이 시멘트는 수분흡수로 팽창하여 강도가 저하하게 되므로 수분에 대한 고려가 필요한 것이 단점이다.

### (4) GRC 시멘트

이것은 유리섬유가 보강된(Glass fiber reinforced) 시멘트이다. 유리섬유의 인성을 이용하여 두께가 얇은 의장성 조형재로 건축물의 경량성인 내·외장재 제조 및 탈형하지 않는 영구 거푸집 등에 이용되고 있다. 그러나, 이 시멘트는 유리섬유가 알칼리성에 약한 것을 고려해야 하고 건조수축 균열도 크게 발생할 수 있음에 주의하여야 한다.

## 3.5 기타

이 외에도 특수한 재료 및 용도에 이용되는 시멘트의 종류로는 무수히 많은 것이 있다. 즉, 도시의 쓰레기 등과 석회석을 원료로 도시 근교에서 만들어지는 Eco 시멘트, 비표면적 8000~9000 $cm^2/g$ 정도로 미분쇄하여 연약지반개량, 암반 그라우팅에 이용되는 마이크로 시멘트, 벽돌조적, 벽체미장, 타일부착 및 줄눈용도로 특수가공된 조적용 시멘트(Masny Cement)가 있고, 단열 목적으로 단열소재가 첨가된 단열용 시멘트, 불에 대한 저항성을 높이도록 제조된 내화용 시멘트, 유전지역에서 유정보호에 이용할 수 있는 유정 시멘트, 온천지역에서 고온에 견딜 수 있는 지열정 시멘트, 시멘트와 실리카퓸과 같은 초미립자 및 고성능 감수제를 조합하여 고강도를 얻기 위한 DSP 시멘트 등 무수히 많은 종류가 있다.

참고적으로 KS 표준에 규정되어 있는 시멘트의 종류로는 다음 표 1과 같은 것이 있다.

표 1 KS 표준에 규정되어 있는 시멘트

| KS 번호 | 시멘트 명 |
|---|---|
| KS L 1592 | 도자기질 타일 시멘트 |
| KS L 5201 | 포틀랜드 시멘트 |
| KS L 5204 | 백색 포틀랜드 시멘트 |
| KS L 5205 | 내화물용 알루미나 시멘트 |
| KS L 5210 | 고로슬래그 시멘트 |
| KS L 5211 | 플라이애시 시멘트 |
| KS L 5214 | 마그네시아 단열 시멘트 |
| KS L 5215 | 석면 단열 시멘트 |
| KS L 5216 | 박리 팽창 질석을 사용한 단열 시멘트 |
| KS L 5217 | 팽창 수경성 시멘트 |
| KS L 5219 | 메이슨리 시멘트 |
| KS L 5401 | 포졸란 시멘트 |

초고강 시멘트

백색 포틀랜드 시멘트

알루미나 시멘트

사진 1 각종 특수 시멘트

# 4 시멘트의 화학성분

## 4.1 서언

KS L 5201(포틀랜드 시멘트)등 각종 시멘트에는 화학성분 및 물리성능 등 품질특성이 규정되어 있다. 이 단원에서는 화학성분과 관련한 각종 품질특성의 시험방법과 각 품질특성이 콘크리트의 품질에 미치는 영향 및 수화열에 관하여 기술해 본다.

## 4.2 화학성분

시멘트의 화학성분으로는 $CaO$, $SiO_2$, $Al_2O_3$, $Fe_2O_3$, $MgO$, $SO_3$, 강열감량 등이 있고, 광물조성으로는 $C_3S$, $C_2S$, $C_3A$, $C_4AF$ 등이 있다.

이 중 각 화학성분량의 시험방법 대하여는 KS L 5120(포틀랜드 시멘트의 화학분석 방법) 또는 KS L 5222(시멘트의 형광 X선 분석방법)에 따라 분석할 수 있다.

이때 광물조성의 경우는 $Al_2O_3/Fe_2O_3$가 0.64 이상 일 경우와 이하 일 경우로 나누어 아래와 같이 계산한다.

### 1) 알루미나와 산화철의 비가 같거나 0.64 이상인 경우

(1) $C_3S=4.071\ CaO-(7.6\ SiO_2+6.718\ Al_2O_3+1.43\ Fe_2O_3+2.852\ SO_3)$

(2) $C_2S=2.867\ SiO_2-0.7544\ C_3S$

(3) $C_3A=2.65\ Al_2O_3-1.692\ Fe_2O_3$(4) $C_4AF=3.043\ Fe_2O_3$

### 2) 0.64보다 작은 경우

알루미나와 산화철의 비가 0.64보다 작은 경우에 페라이트상은 $C_4AF+C_2F$로 구성되어 있고, $C_3A$는 함유되어 있지 않다고 가정한다.

(1) $C_3S$=4.071 CaO−(7.6 $SiO_2$+4.479$Al_2O_3$+2.859 $Fe_2O_3$+2.852 $SO_3$)

(2) $C_2S$=2.867 $SiO_2$−0.7544 $C_3S$

(3) $C_3A$=0

(4) $C_4AF$+$C_2F$=3.043 $Fe_2O_3$

시멘트의 4대 조성광물이 시멘트의 특성에 미치는 영향은 제 Ⅲ권 Ⅰ-6 (시멘트의 수화반응)과 같고, 그 외 미량성분이 콘크리트의 품질에 미치는 영향은 다음과 같다.

### (1) 유리석회(Free CaO)

이 성분은 석회분(CaO)이 실리카, 알루미나, 산화철과 결합하여 클링커 광물을 생성할 때, 클링커 광물이 생성되는 양보다 지나치게 많은 석회원료가 사용되었을 경우, 또는 광물은 아닐지라도 실리카, 알루미나, 산화철과 불완전하게 반응할 때 발생한다. 이와 같이 생성된 유리석회는 수화가 늦은 경소석회(Hard burnt)로 존재하여, 시멘트가 경화된 후 늦은 시기에 수화가 되는데, 이때 수화된 유리석회는 팽창성을 나타내므로 시멘트 경화체의 안정성을 해치게 된다.

### (2) 마그네시아(MgO)

이 성분은 석회석 원료 중 불순물인 돌로마이트 성분으로 탄산마그네슘($MgCO_3$)이 함유됨에 기인하는데, 시멘트 소성 과정 중 탈탄산 반응으로 $CO_2$가 제거되고 MgO가 클링커 광물 중 고용체 형태로 결정화되어 있다. 이 또한 유리석회와 동일하게 거동한다.

KS L 5201에는 5.0 % 이하로 함유량을 규정하고 있는데, 2 % 정도를 초과하면 마그네시아는 시멘트내에서 페리클라스(Periclase)로 존재하기 쉬운데, 이 페리클라스는 물과 천천히 반응하여 용적이 큰 $Mg(OH)_2$로 되어 안정성을 해친다.

### (3) 아황산($SO_3$)

이 성분은 원료성분뿐만 아니라 클링커 분쇄과정의 석고 투입에서도 유래된다. $SO_3$분은 에트린가이트 생성으로 유도기의 역할 및 시멘트 경화체의 수축보상에 도움을 줄 수 있으나 과량이 되면 팽창으로 말미암아 안정성을 해칠 수 있다.

### (4) $Na_2O+K_2O$

이 성분은 주로 점토성분에 기인하여 포함되는 것으로 1.0 % 이상일 경우에는 응결촉진에 영향을 미치고, 고로슬래그 미분말의 잠재수경성 반응에도 자극제로 작용하여 유리한 면도 있지만, 0.6 % 이상의 경우에는 알칼리골재반응으로 팽창의 원인이 될 수 있으므로 주의를 요한다.

### (5) 강열감량(强熱減量)

한자용어에서도 알 수 있듯이 시멘트 시료를 1 000 ℃로 가열할 경우 줄어드는 무게를 말한다. 일반적인 포틀랜드 시멘트의 강열감량은 0.6~0.9 % 정도인데, 시멘트가 시간경과에 따라 풍화를 일으키면 $CO_2$와 $H_2O$ 양이 증가하므로 강열감량이 커져 풍화의 척도로 이용된다. 또한, 시멘트 제조과정에서는 시멘트중량에 석회석 미분말을 5 %까지는 혼입할 수 있는데, 이 경우도 강열감량이 커지게 된다. 따라서 강열감량은 너무 큰 시멘트는 사용하지 않도록 하는 것이 좋다.

### (6) 불용 잔분

시멘트 화학분석 시 마지막까지 용해되지 않고 남아있는 것에 관한 것으로 점토성분으로부터 오게 된다. 이것은 소성반응의 완전 또는 불완전을 평가하는 지표가 된다.

## 4.3 수화 발열

콘크리트 제조과정에서 시멘트를 물과 함께 혼합하면 시멘트가 가수분해되어 수화물을 생성하는데 이것을 수화반응이라 한다. 즉, 시멘트가 물과 접촉하면 그림 1과 같이 즉시 수화반응을 일으켜 제 1 피크가 생성되는데 수분 후 혼합수의 액상은 급격하게 수산화칼슘{$Ca(OH)_2$}의 과포화 상태에 도달되고, 이때 생긴 초기 수화물인 에트린가이트 및 알라이트 입자 주변의 불용성 칼슘 실리케이트막은 시멘트 입자 표면에 수화물 층을 만들어 수화 진행을 방해한다. 그렇게 되면 제 1 피크에서 제 2 피크 사이 2~4시간은 수화가 진행되지 않는 유도기(Induction period) 혹은 휴지기(Dormant Period)로 Ⅱ의 상태가 된다. 이 시점이 레미콘 운반 및 타설·다짐 등 시공시간에 해당된다.

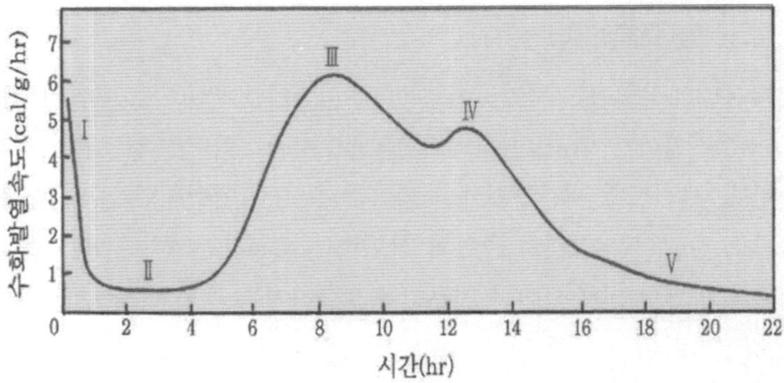


그림 1 포틀랜트 시멘트의 수화발열 속도 및 양

유도기를 지나면 알라이트 주변을 둘러싸고 있던 칼슘실리케이트 수화물막이 내부 침투압으로 팽창 파괴되므로서 알라이트 수화가 시작되는데, 이와 같이 하여 생긴 수화열 피크를 제 2 피크(Ⅲ 상태)라 한다.

제 2 피크 이후 알루미네이트 입자를 둘러싼 에트린가이트 막이 파괴되고 다시 내부의 알루미네이트($C_3A$)가 수화를 시작할 때 석고의 소진으로 에트린가이트가 모노설페이트와 알루민산 칼슘수화물로 전이되는데, 이때 발생하는 발열반응이 제 3 피크(Ⅳ 상태)이다. 제 3 피크 이후(Ⅴ 상태) 분명한 발열피크는 없지만 알라이트, 벨라이트는 생성한 칼슘실리케이트 수화물(CSH겔)에 둘러쌓여 수화속도는 느려지지만 수화물 간의 접착으로 경화가 시작되어 강도는 계속적으로 증가하게 된다.

상세한 화학적 의미의 화합물의 수화반응은 제 Ⅰ권 Ⅰ-6(시멘트의 수화반응)을 참조하고 이때, 발생하는 수화열과 관련한 품질규정에 대하여는 이 책 Ⅰ-1(포틀랜드 시멘트의 종류와 특성)의 표 3중 수화열 규정을 참조한다.

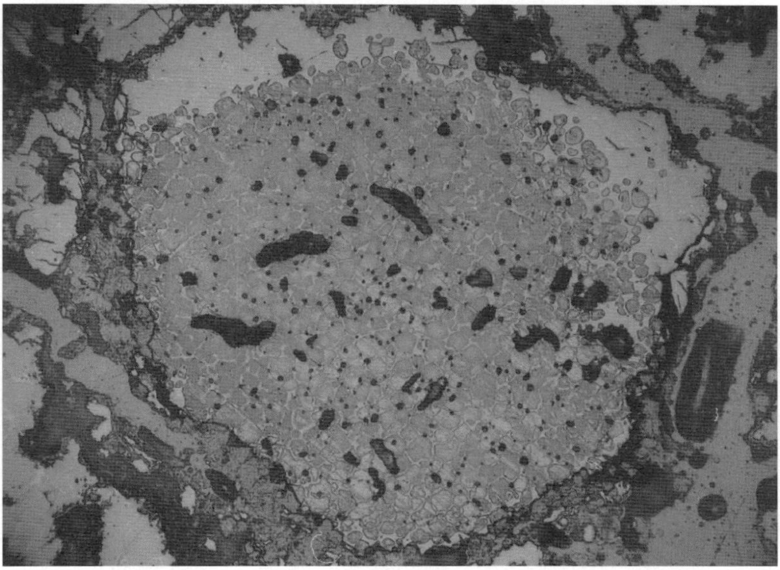

사진 1 클링커 중의 Free CaO

# 5 시멘트의 물리성능 특성

## 5.1 서언

전 단원에서는 시멘트의 품질특성 중 화학성분 특성에 대하여 기술하였다. 이 단원에서는 전 단원의 연속으로 시멘트의 물리성능과 관련한 각 특성이 콘크리트의 품질에 미치는 영향과 시험방법에 관하여 기술해 본다.

## 5.2 물리성능

KS L 5201(포틀랜드 시멘트)등에 규정된 시멘트의 물리성능 품질항목으로는 분말도, 안정도, 응결시간, 수화열 및 압축강도에 대하여 규정되어 있다. 단, 종전에는 밀도(비중)에 관련하여도 규정되어 있었고, 분말도의 경우는 44 μ 및 88 μ의 표준체에 의한 방법, 응결시간의 경우는 길모어침 방법, 강도시험의 경우에는 인장강도 등에 대하여도 규정되어 있었으나 현재는 모두 삭제되었다.

### (1) 밀도

시멘트의 밀도란 단위부피에 대한 공극이 전혀 없는 상태에서의 시멘트 질량으로서, 3.05~3.17 g/cm$^3$인데, 보통은 3.15 g/cm$^3$ 전후의 값을 갖는다. 시멘트의 밀도는 품질관리 항목에서 제외되었을지라도, 콘크리트 배합설계에서는 반드시 파악해 두어야 하고, 또한 시멘트의 간이적인 품질평가로서도 중요한 역할을 하게 된다. 일반적으로 시멘트의 밀도는 클링커의 소성이 불충분하거나, 이물질이 함유되어 있거나, 풍화가 진행되면 작아져 품질이 저하된다.

시멘트의 밀도 시험방법으로는 KS L 5110(시멘트의 밀도 시험방법)에 규정되어 있는데, 그림 1과 같은 르 샤틀리에(Le Chatelier) 비중병을 사용하게 된다. 원리는 공기 중에서 일정량(100 g) 시멘트 시료무게를 달고, 르 샤틀리에 비중병 하부 눈금까지 탈수 광유를 채운 다음 시멘트를 넣으면 상부로 광유의 눈금이 올라가게 되는데, 이 눈금 차이가 시멘트의 부피가 되어 공기 중 질량을 시멘트 부피로 나누면 밀도가 구해진다.

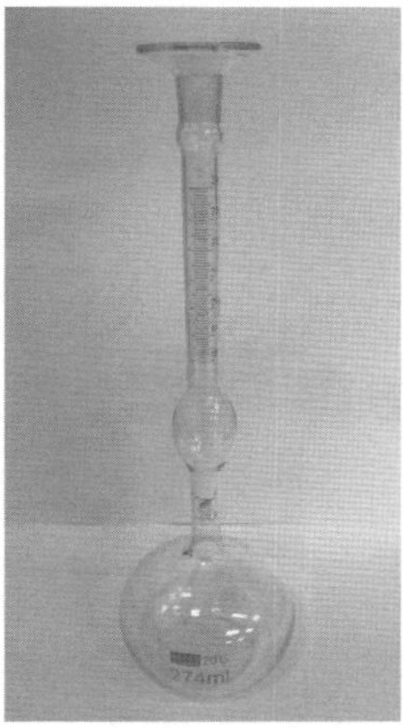

그림 1 르 샤틀리에 비중병

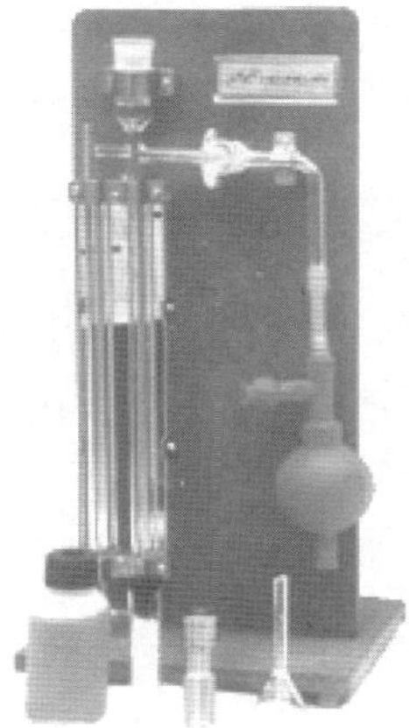

그림 2 Blain 공기투과장치

## (2) 분말도

분말도는 시멘트 분쇄과정에서의 입자크기 정도로, 1 g 시멘트의 표면적($cm^2$)을 말하게 된다. 우리나라의 보통 포틀랜드 시멘트인 경우는 대략 3 000~3 500 $cm^2$/g의 값을 갖는다.

일반적으로 분말도 값이 크게 되면 시멘트가 미세하게 분쇄 되었다는 것을 의미하는데, 비표면이 클수록 수화작용이 촉진되므로 응결이 빠르고, 조기강도가 높아지며, 콘크리트 시공 시 점성이 커서 재료분리가 방지되는 등 워커빌리티가 좋아지고, 수밀성, 내구성이 좋아지는 장점이 있다.

반면, 분말도가 너무 크게 되면 콘크리트가 응결할 때 초기균열이 발생하기 쉽고, 시멘트를 저장할 때에는 풍화하기 쉽다. 따라서 시멘트의 분말도는 너무 크거나 작아도 좋지 않으므로 적절한 범위에서 관리할 필요가 있다.

분말도 시험방법으로는 그림 2와 같은 블레인(Blain) 공기투과장치로 KS L 5106(공기 투과 장치에 의한 포틀랜드 시멘트의 분말도 시험 방법)의 규정에 따른다. 실험원리로는 시멘트의 분말 정도에 따라 셀 장치 내 공기투과 정도의 차이가 마노미터(Manometer)액이 하강하는 시간에 차이로 나타나는데, 표준시료와 동일 시험방법 간의 하강시간 차를 비교하여 구하는 비표면적 시험방법이다.

### (3) 안정도

시멘트가 응결 및 경화하는 과정에서 이상 팽창이나 수축으로 안정성을 해쳐 균열을 일으키면 강도 및 내구성을 저하시킬 수 있다. 이와 같은 시멘트의 안정성을 해치게 되는 요인으로는 유리석회(Free CaO), 마그네시아(MgO), 아황산($SO_3$)의 함유량이 규정치 이상으로 다량 함유되었을 때 나타나게 된다.

시멘트의 안정도 시험방법으로는 그림 3과 같은 오토클레이브(Autoclave: 고압솥)를 이용하여, KS L 5107(시멘트의 오토클레이브 팽창도 시험 방법)에 따라 최초 시험체의 길이와 오토클레이브 양생 후 길이 변화정도를 팽창도로 계산한다.

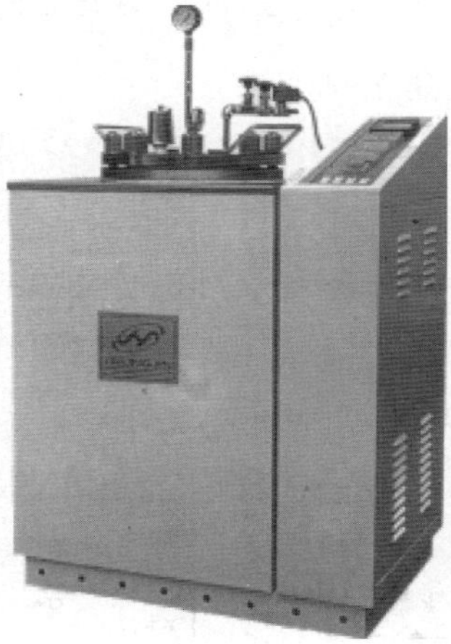

그림 3 오토클레이브 팽창도 시험장치

## (4) 응결 및 경화

현장에 도착한 레미콘은 액체상태이지만 이것을 거푸집에 타설하게 되면 시간경과에 따라 시멘트가 수화반응을 일으켜 소성상태를 거쳐 고체상태로 변하게 된다. 이런 과정에 소성상태와 관련 응결(소성상태 진입의 초결과 경화상태 진입의 종결)이 정해지게 되는데, 응결과 경화가 너무 빠르거나, 늦어지게 되면 시공과정에 어려움이 따르므로 적당한 시간이 되도록 관리되어야 한다.

일반적으로 시멘트의 응결 및 경화시간은 시멘트의 광물조성($C_3A$량), 화학성분, 분말도, 이외에도 혼합물질의 종류 및 양, 습도, 온도, 풍화정도 등에 따라 달라진다. 또한, 시멘트에 따라서는 물과 혼합하면 발열하지 않고, 20분 만에 굳어졌다가 다시 풀어지면서 정상적으로 응결하는 경우도 있는데, 이를 위응결(2중응결)이라 한다. 이 경우는 콘크리트의 슬럼프 감소 및 강도 저하로 이어질 수 있다.

시멘트의 응결시간은 그림 4와 같은 비카트침 장치를 이용하여 KS L ISO 9597(시멘트의 응결 및 안정성 시험방법)에 따라 관입저항 정도로 응결시간의 초결과 종결을 시험하게 된다.

그림 4 비카트침 장치

### (5) 강도

시멘트의 강도는 시멘트만으로의 시험체 제작은 곤란하여 표준모래를 사용하여 모르타르 상태로 실험하는데, 인장강도, 휨강도로 시험할 수 있지만 압축강도로 평가한다. 시멘트의 강도에 영향을 미치는 요인으로는 주로 시멘트의 화학성분, 분말도, 풍화정도 이외에 사용수량, 양생조건 및 시험방법 등이 있다.

시멘트의 압축강도 시험은 40×40×160 mm 각주형 공시체를 만능재료시험기(UTM)를 사용하여 KS ISO 679(시멘트의 강도시험 방법)에 의거 진행한다.

참고적으로, 장기간 시멘트를 저장하면 대기 중 습도 및 $CO_2$를 흡수하여 표면이 수화반응으로 굳어지는 풍화현상을 일으키는데, 저장기간에 따른 시멘트의 밀도 및 강도 변화의 일례는 표 1과 같다.

표 1 풍화 시멘트의 밀도와 강도의 비교 일례 (%)

| 저장 기간 (월) | 밀도 | 강열 감량 | 1:3 모르타르 압축강도 | | |
|---|---|---|---|---|---|
| | | | 3일 | 7일 | 28일 |
| 0 | 100.0 | 1.0 | 100.0 | 100.0 | 100.0 |
| 3 | 98.5 | 7.8 | 81 | 75 | 63 |
| 6 | 96.1 | 8.5 | 75 | 67 | 56 |
| 12 | 95.1 | 8.8 | 60 | 52 | 43 |

# 6 시멘트 생산에서 순환자원의 활용

## 6.1 서언

최근에는 천연자원 다량 소비에 따른 자원고갈 및 $CO_2$ 다량배출에 의한 지구온난화 등의 환경문제가 중요한 화두로 되고 있다. 시멘트 생산의 경우도 이와 같은 환경문제와 연관하여 기존의 시멘트 원료인 석회석과 점토 등 천연원료 이외에 다양한 산업폐기물 및 부산물을 이용하고 있고, 시멘트 소성 연료 또한 유연탄(석탄) 이외에 각종 부산물 및 폐기물을 이용하고 있는 실정이다. 따라서 이 단원에서는 시멘트의 원료 및 연료로 이용하고 있는 각종 친환경 소재의 활용 현황 및 특징에 대하여 기술해 보고자 한다.

## 6.2 폐기물 분류체계

폐기물이란 우리나라 폐기물 관리법 제 2조에서는 '사람의 생활이나 사업활동에 필요하지 아니하게 된 물질'로서 '쓰레기, 연소재, 오니, 폐유, 폐산, 폐알칼리, 동물의 사체 등'을 예로 들고 있다.

폐기물 관리법에 따른 폐기물 분류체계로는 표 1과 같이 분류하고 있다.

## 6.3 시멘트 제조공정에서 순환자원의 활용

표 1에 분류된 폐기물 분류 중에서 대략 무기물인 경우는 원료, 유기물인 경우는 연료의 일부로 활용되고 있다. 전반적으로 시멘트 제조공정에서 원료 또는 연료로 이용되는 폐기물 및 부산물의 종류며 투입위치 등을 시멘트 생산 공정도에 나타내면 그림 1과 같다.

표 1 폐기물 관리법에 따른 폐기물 분류체계

<table>
<tr><td rowspan="5">[폐기물]<br>쓰레기,연소재, 오니, 폐유, 폐산, 폐알칼리, 동물의 사체 등으로 사람의 생활이나 사업 활동에 필요하지 아니하게 된 물질</td><td colspan="3">[생활 폐기물]<br>사업장 폐기물 외의 폐기물</td></tr>
<tr><td rowspan="4">[사업장 폐기물]<br>「대기환경보전법」, 「수질 및 수생태계 보전에 관한 법률」 또는 「소음·진동관리법」에 따라 배출시설을 설치·운영하는 사업장이나 그 밖에 대통령령으로 정하는 사업장에서 발생하는 폐기물</td><td rowspan="3">[사업장 일반 폐기물]<br>공업배치 및 공장설립에 관한 법률 제2조 제 1호의 규정에 의한 공장으로서 대기환경보전법·수질환경보전법 또는 소음·진동 규제법의 규정에 의하여 배출시설을 설치·운영하는 자로서 폐기물을 1일 평균 100 kg 이상 배출하는 사업장</td><td>[사업장 생활계 폐기물]<br>폐기물을 1일 평균 300 kg 이상 배출하는 사업장</td></tr>
<tr><td>[사업장 배출 시설계 폐기물]<br>법에 의한 폐수종말처리시설, 분뇨처리시설, 하수종말처리시설, 축산폐수공공처리시설, 폐기물처리시설로서 일평균 100 kg 이상 배출하는 사업장</td></tr>
<tr><td>[사업장 건설 폐기물]<br>건설공사 과정으로 인하여 폐기물을 5톤(공사를 착공하거나 작업을 시작할 때부터 마칠 때까지 발생하는 폐기물의 양을 말함) 이상 배출하는 사업장</td></tr>
<tr><td colspan="2">[지정폐기물]<br>사업장 폐기물 중 폐유·폐산 등 주변 환경을 오염시킬 수 있거나 의료 폐기물 등 인체에 위해를 줄 수 있는 유해한 물질로서 대통령령이 정하는 폐기물<br>※ 의료 폐기물<br>지정 폐기물 중 인체조직 등 적출물, 탈지면, 실험동물의 사체 등<br>의료기관이나 시험·검사기관 등에서 배출되는 인체에 위해를 줄 수 있는 물질로서 대통령령이 정하는 폐기물</td></tr>
</table>

(*출처: 환경부, 폐기물관리법, 2013)

### (1) 원료로서의 활용

전통적인 시멘트의 원료로는 석회석, 점토, 규석, 철원료이다. 여기에 각종 부산물 및 폐기물의 이용으로 주원료인 석회석의 경우는 아직은 거의 이용되고 있지 않지만 가능성 면으로는 조개껍질(패각), 폐콘크리트 분쇄 시 미분말 등을 생각해 볼 수 있다. 점토성분으로는 석탄회{플라이애시를 정제하기 전 원료애시 혹은 리젝트애시(플라이애시 정제 후 버려지는 것)}, 규석 성분으로는 폐주물사, 철원료로는 동슬래그, 연슬래그, 제강슬래그 등을 들 수 있다.

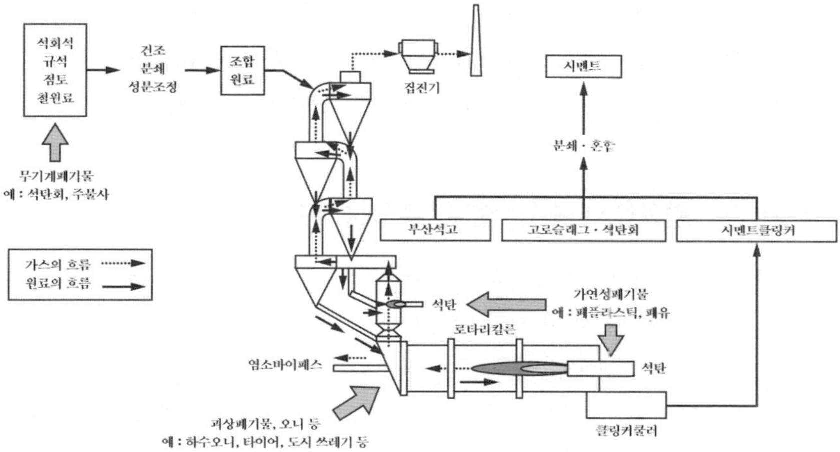


그림1 시멘트 제조공정의 순환자원 처리 및 이용

(출처: 기둔당, 제 2판 콘크리트와 환경)

### (2) 연료로서의 활용

시멘트 제조공정 중 연료로서의 투입구는 그림 1과 같이 하소로 하부, 인렛(Inlet: 로타리킬른 뒤쪽의 투입구), 주 버너에서 이루어진다. 먼저, 폐주물사 등과 같은 덩어리 상태, 수분이 많은 오니류(하수오니) 및 단시간 내에 열분해해야 하는 순환자원은 하소로 하부 또는 인렛에 투입되어 처리된다. 폐타이어(모양 그래도 혹은 잘린 상태)인 경우도 하소로 하부 또는 인렛 부분에서 투입되는데, 고무 등 유기물은 연료, 와이어 등 철물은 철원료의 일부로 이용된다. 폐플라스틱, 나무 부스러기 등은 조분쇄한 다음, 폐유 등은 톱밥에 함침하여 하소로 하부 혹은 주 버너에서 열에너지로 이용된다. 유기물을 다량함유한 동물 사체 등은 시간이 경과하면 부패·발효가 진행되어 악취문제가 제기될 수 있으므로 이런 경우는 반입되면 즉시 하소로 하부 또는 인렛 부분에 투입하여 처리한다.

(3) 기타의 활용

시멘트의 최종제품 생산은 소성된 클링커와 석고, 분쇄조제 등을 함께 튜브밀 등 분쇄기에 넣고 미분쇄하여 제조된다. 이때에도 순환자원의 활용으로는 석고의 경우 종전에는 천연석고를 이용하였으나 최근에는 탈황석고 등 화학석고를 정제하여 활용하고 있고, 기타 첨가물로 대략 10 % 이내에서 고로슬래그, 포졸란 및 플라이애시(이 중 한 종류를 시멘트의 5 % 이내), 석회석 미분말(5 % 이내) 등도 첨가하여 시멘트를 제조하고 있다.

## 6.4 시멘트 원료로서 순환자원의 재활용기준

시멘트 제조에 있어 폐기물 및 부산물의 활용은 우리나라는 물론이고 미국, 일본 등 선진국에서도 이미 오래 전부터 일반화되어 있고, 또한 해마다 재활용량은 증가하는 추세에 있다.

단, 우리나라에서는 지정 폐기물이 아닌 사업장 폐기물을 대체원료로 이용하여 시멘트를 제조하는 경우에는 표 2에 제시된 폐기물 관리법 시행규칙 별표 5의 2의 재활용 기준을 만족하는 폐기물만을 반입하여 시용하도록 규정되어 있음에 유념할 필요가 있다.

## 6.5 결언

이상과 같이 최근의 경우 시멘트 생산에서는 원료, 연료 및 기타로 수많은 폐기물 및 부산물 등을 순환자원으로 활용하고 있다. 따라서 시멘트 생산은 거대한 환경산업으로 사회에 공헌함과 동시에 시멘트 산업에서는 경제성을 성취하여 저렴한 시멘트 생산에도 기여하고 있는 것이다.

표 2 시멘트 소성로 폐기물의 재활용기준

(단위 : mg/kg, kcal/kg)

| 구 분 | | Pb | Cu | Cd | As | Hg | Cl | 발열량 |
|---|---|---|---|---|---|---|---|---|
| 대체원료 | 철 | < 1,000 | < 3,000 | < 60 | < 500 | < 2 | - | - |
| | 기타 | < 150 | < 800 | < 50 | < 50 | < 2 | - | - |
| 대체연료 | | < 200 | < 800 | < 9 | < 13 | < 1.2 | < 2 % | > 4,500 |

주) 1. 재활용 제품은 동 기준 적용에서 제외한다.

2. 철 대체원료 중 동 제련소에서 발생하는 슬래그는 다음 기준을 적용한다. (Pb <3,200 mg/kg, Cu <10,000 mg/kg, Cd <100 mg/kg, As <900 mg/kg, Hg <2 mg/kg)

3. 철 대체원료 중 아연 제련소에서 발생하는 슬래그는 Pb <7,000 mg/kg, Cu <14,000 mg/kg을 적용하고 나머지 항목은 철 대체원료와 동일한 기준을 적용한다.

4. 철 대체원료 중 제철소의 집진시설에서 발생하는 철 함유 부산물은 Pb <4,000 mg/kg, Cd <100 mg/kg, 나머지 항목들은 철 대체원료와 동일한 기준을 적용한다.

5. 폐목재(대체연료)에 대한 중금속, 발열량은 chip fuel 기준을 적용한다. (WCF 기준에 없는 Cu 항목은 상기 기준 적용)

(*출처: 환경부, 폐기물관리법, 2013)

# 7 염소 및 알칼리 배출과 그의 활용

## 7.1 서언

전 단원에서는 시멘트 생산과정에서 원료, 연료 및 기타에서 수많은 순환자원을 활용하는 것에 대하여 기술하였다. 순환자원의 활용은 자원절약, 환경문제 해결 및 저렴화에는 기여할 수 있겠지만, 품질면에서는 염소 및 알칼리량 과다라는 새로운 문제점이 제기되고 있다. 따라서 이 단원에서는 다량으로 발생된 염소 및 알칼리량의 배출과 아울러 이렇게 배출된 CBS(Chlorine Bypass System)-dust의 효율적인 활용방안에 대하여 기술해 본다.

## 7.2 CBS-dust 배출 시스템

전 단원의 그림 1에는 로타리 킬른 뒤쪽의 연료 투입구(인렛: Inlet) 상부에 염소 바이패스라고 하는 배출구가 있다. 즉, 로타리 킬른 내의 석회석과 점토 성분의 원료는 용융상태로 화합이 이루어져 클링커가 만들어지지만, 염화비닐 수지와 같은 폐플라스틱 등에서 발생하는 염화물(Cl)이라든가, 폐타이어 등에서 발생하는 아황산($SO_3$), 애시류 등에서 발생하는 알칼리($K_2O$, $Na_2O$) 등은 낮은 온도에서 휘발되어 기체 상태로 변하게 된다. 따라서 이 기체는 가벼우므로 열류의 흐름에 따라 예열기(Pre-heater) 쪽으로 이동하여 냉각되면서 다시 고체로 변하게 되는데, 냉각과정에서는 예열기의 사이클론(Cyclone)을 코팅하거나 다시 원료와 함께 킬른내로 반입되어 재차 휘발되는 사이클을 반복하는 등 문제시되어 그림 1과 같은 흐름으로 제거해주게 된다.

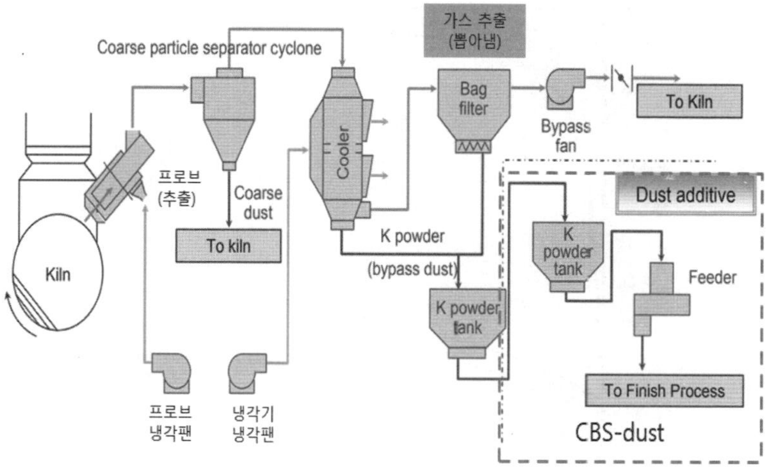


그림 1 CBS-dust 배출 흐름도

즉, 킬른에서 프로브(Probe)로 추출하여 굵은입자 분급 사이클론으로 분급된 굵은 입자는 킬른으로 다시 보내지고, 기체 및 가는 입자는 냉각기(Cooler)로 보내 이때 냉각된 K-파우더가 모여지게 되는데 이것이 CBS-dust이다.

## 7.3 바이패스에 의한 휘발성분 제어

킬른 인렛의 총가스양 중 어느 정도를 바이패스시킬 것인가는 중요한 문제이다. 따라서 우리나라 시멘트 회사에서는 그림 2를 참조하여 결정하게 되는데, 대략 1.0~5.0 %로 설치 운영되고 있다. 즉 그림 2에서 5 % 바이패스시키면 90 %까지 염소 제거가 가능하지만, 만약, 20 %까지 바이패스를 증가시킨다고 해도 염소라든가 알칼리 및 $SO_3$가 그다지 크게 제거되지 않기 때문에 5 % 수준으로 관리하는 것이 바람직하여 이 값이 추천되고 있다.

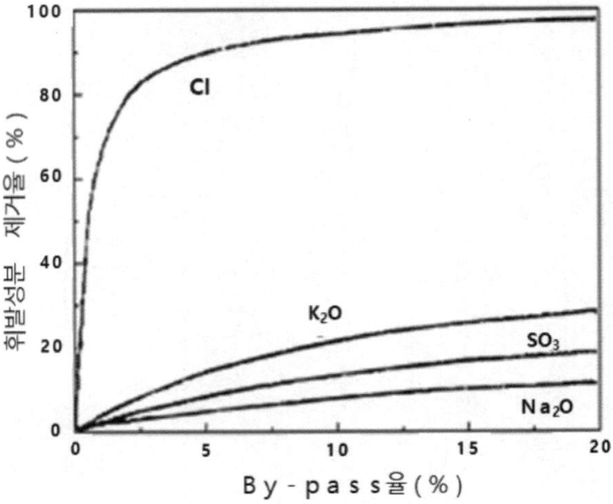


그림 2 바이패스에 의한 휘발성분 제거율 (%)

## 7.4 CBS-dust의 효율적인 활용

이렇게 배출된 CBS-dust는 고염화물에 알칼리 및 $SO_3$를 포함한다. 따라서 현재에는 사업장 폐기물 중 지정 폐기물로서 특정 폐기물 처리업체에 의해 폐기되어야 하므로 처리비용은 고가가 소요된다.

그러나 고로슬래그 미분말(이하 BS)을 다량치환한 시멘트로 철근을 사용하지 않는 콘크리트 2차 제품 제조에 이용할 경우, 다량의 염화물은 문제시되지 않으면서 초기강도 증진효과를 기대할 수 있고, 알칼리 및 황산염은 BS의 자극제로 작용할 수 있다. 따라서 1:3 모르타르에 BS를 0, 20, 45, 65 % 치환하는 경우 CBS-dust를 0, 10, 20 % 치환하는 실험을 진행하였다.

실험결과 플로치, 3일 압축강도 및 28일 압축강도는 그림 3~5와 같다. 먼저 유동성인 플로치는 BS 치환율이 0 및 20 %인 경우는 CBS-dust 치환율이 증가할수록 감소하였지만 45 및 65 %인 경우는 10 %일 때 플로치가 증가하여 유리해짐을 알 수 있다.

3일 재령 압축강도의 경우에서 BS 0 %인 경우는 CBS-dust 10 % 까지는 저하가 없다가 그 이상에서 감소하지만 BS 20, 45, 65 %인 경우는 CBS-dust

10 %일 때 10~40 %까지 강도가 증가하여 우수해짐을 알 수 있고, 28일의 경우도 CBS-dust 10 % 정도에서는 큰 문제가 없음을 알 수 있다.

결론적으로 철근을 사용하지 않는 콘크리트 2차 제품에서 고로슬래그 시멘트 2종(치환율 45 % 전후)을 사용할 경우 CBS-dust 10 % 전후를 치환하게 되면 유동성이 증가하므로 동일 유동성이라면 물 결합재비를 낮춰 강도가 증가하고, 또한 초기강도가 양호하여 증기양생을 할 경우는 더욱 높은 압축강도를 발휘하여 우수해질 수 있음을 알 수 있었다.

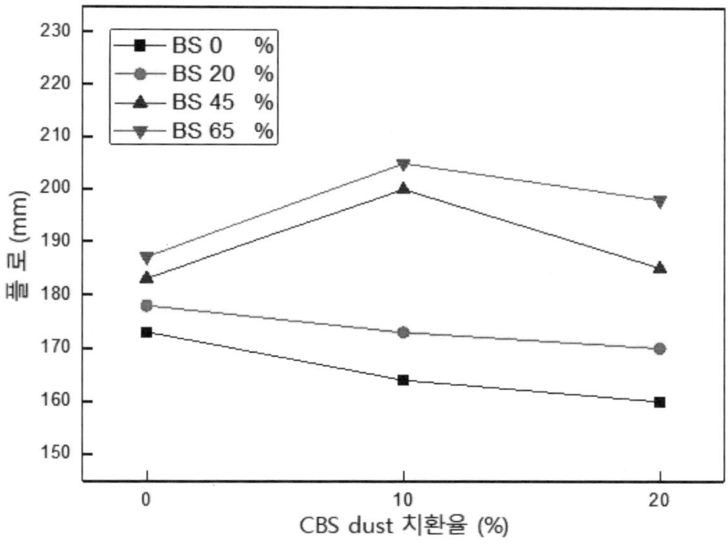


그림 3 CBS-dust 치환율에 따른 모르타르의 플로치

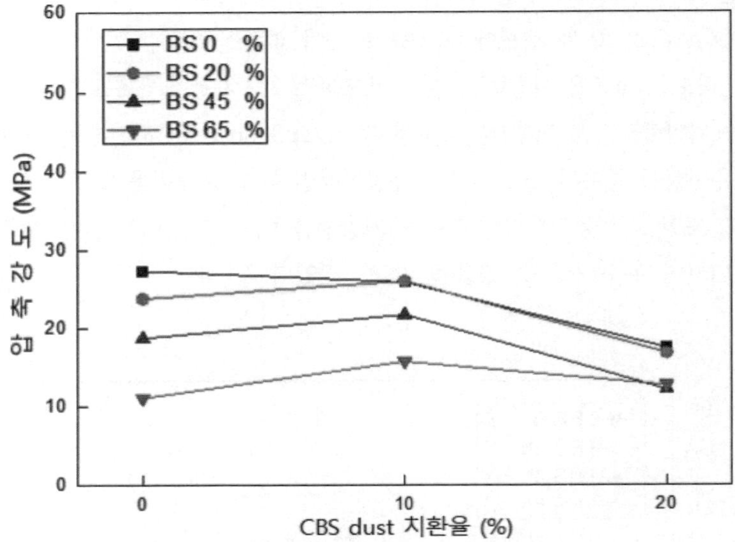


그림 4 CBS-dust 치환율에 따른 모르타르의 3일 압축강도

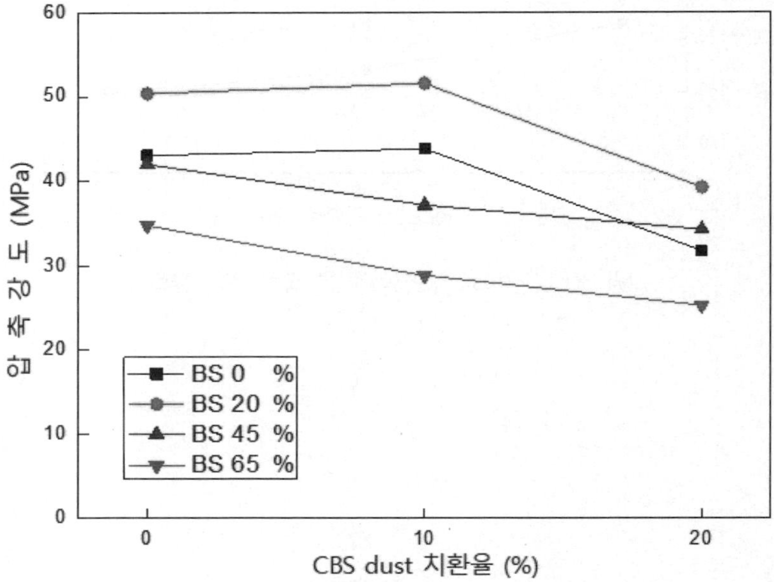


그림 5 CBS-dust 치환율에 따른 모르타르의 28일 압축강도

# 8 시멘트 포대의 크기

## 8.1 서언

우리 주변을 둘러보면 대부분의 공산품은 표준적인 용기에 담겨져서 판매되고 있다. 일례로 사람의 내장 중 위의 크기를 고려하여 정해진 한 되(1.8 L) 들이 막걸리, 1회 식사용으로 포장된 컵라면 등이 그런 것이다. 그렇다면 인력으로 콘크리트를 제조할 때 사용하는 시멘트 포대는 왜 그만한 크기로 되어졌을까? 이 단원에서는 이와 관련한 내용에 대하여 알아보도록 한다.

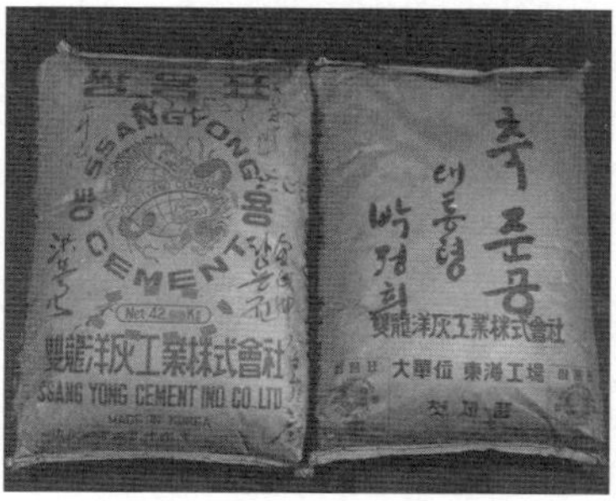


사진 1 초창기 시멘트 포대(42.638 kg)

출처 : 트위터 - 쌍용양회

사진 2 현재의 시멘트 포대(40 kg)

출처 : 아세아시멘트

## 8.2 시멘트 1포의 크기

시멘트 1포 크기의 결정은 과거를 고찰해 보아야 가능할 수 있다. 그것도 현대 시멘트의 발상지인 영국에서부터이다. 즉, 옛날의 경우 영국에서 쓰는 단위로 길이는 Inch(1 Inch= in= 25.4 mm), Feet(1 Feet= ft= 12 in= 304.8 mm)가 쓰였고, 무게로는 Pound{1 Pound= lb= 453.592 g: lb는 라틴어에서 천칭 저울을 의미하는 라브라(Libra)에서 유래한 말} 등이 쓰였다.

결국, 시멘트 1포대 용량의 기원은 1 cf(Cubic feet: 입방 피트: ft3)에서부터 유래하는데, 대략 0.3 m×0.3 m×0.3 m인 용기에 담겨지는 양으로서 0.027 $m^3$가 된다. 그렇다면 이만한 부피에 채워진 시멘트의 무게는 얼마가 될까? 다짐 정도에 따라 다르겠지만, 다지지 않은 상태에서는 42.638 kg(94 lb)이 된다(사진 1 참조). 따라서 옛날에는 시멘트 1포의 무게가 이만큼 되게 하여 출발하였지만, 배합을 편리하게 하기 위하여 100 1 b(45.359 kg)로도 하여 사용하였고, 그 이후로 표준 단위가 mks(m, kg, sec.) 단위 및 SI(국제표준단위: 1960년 도량형 총회에서 채용된 국제단위의 총칭)를 사용하게 됨에 94 lb를 기본으로 하게 되면 42.638 kg으로 소수점이 생겨 배합을 정하기 불편하므로 결국, 체격이 작아 취급이 어려운 우리나라 및 일본은(사진 2 참조) 40 kg 들이를 1포로, 체격이 큰 유럽 등은 50 kg 들이를 1포로 시멘트 포대가 결정되어 이용된 것이다. 참고로 북한은 50 kg 들이 1포이다.

## 8.3 콘크리트 배합에의 활용

콘크리트 공사를 진행할 경우 옛날에는 믹서 비빔 혹은 철판을 이용한 손비빔이 주로 이용되었다. 배합비의 기본은 1 : 2 : 4이고, 버림 콘크리트 등에서는 1 : 3 : 6이 이용되었다. 여기서 1은 시멘트이고, 2는 잔골재인 모래이며, 4는 굵은골재인 자갈이었다. 즉, 시멘트 1포에 모래 2 질통(등에 지는 용기로 사진 3 참조), 자갈은 4 질통의 비율로서 다짐을 하지 않은 상태로 계량하는 현장계량 용적배합인 것이다.

그렇다면 질통의 용량은 얼마가 되어야 할까? 질통 역시 시멘트 부피와 같아져야 하기 때문에 1 cf(ft3)가 기본이다. 그러나 우리나라는 시멘트 1포가 42.638 kg이 아닌 40 kg이니 질통의 용량은 1 cf가 아닌 0.938 cf 즉, 0.025 $m^3$ 되도록 제작하여야 했다. 따라서 옛날에 공사를 진행했던 도급업자는 조금이라도 질통의 용적을 크게 하여 경제적으로 이익을 취하려고 했는데 비해, 엄격한 공사감독자인 경우는 질통을 준비하게 한 다음 시멘트 1포를 채우고, 그보다 더 용적이 크게 된 부분은 톱으로 잘라내도록 한 적도 있었다. 나도 그랬다.

사진 3 질통

(출처 : https://steemit.com)

## 8.4 시멘트 1포의 크기 변화

최근의 콘크리트 공사는 대부분 레미콘을 이용한다. 그렇다 보니 공장에서 생산되는 대부분의 시멘트는 포장되지 않은 가루 시멘트(Bulk cement) 상태로 탱크로리 트럭(Bulk cement truck : BCT), 열차, 선박 등에 실려 날라지게 된다.

그렇지만 소규모의 보수공사, 연구실의 실험 등에서는 포대 시멘트가 아직도 사용되기 때문에 점유 비율은 작지만 시멘트 공장에서는 아직도 포대 시멘트를 생산하고 있다. 그러나, 곰곰이 생각해보면 현대인은 옛날 사람보다 덩치는 커졌을지라도 힘은 잘 못 쓰는 것 같다. 그렇다 보니 일반인이 40 kg을 드는 것은 너무 무겁다. 또한, 소량의 시멘트가 필요한데 울며 겨자 먹기 식으로 40 kg 들이 1포를 구입할 수밖에 없는 경우도 있다.

그러나, 미국, 독일, 일본 등을 가보면 40 kg 들이 시멘트도 물론 있지만, 20 kg, 10 kg, 5 kg 들이 등 소포장의 시멘트가 있다. 그렇게 되면 가정주부도 무겁지 않게 시멘트를 구입하여 간단한 보수공사 등에 사용할 수 있는 것이다. 그러나, 우리나라 시멘트 제조사에서는 워낙 소량이라 경제적으로 고려할 대상이 아니라고 여겨 이와 같은 소포장 단위의 시멘트 생산은 고려되고 있지 않는 것이 현실이다. 그렇지만, 너무 경제성만 따지지 말고 소비자의 사용 편리성도 고려하여 소포장을 생산 및 제공하는 것도 바람직한 시기가 아닌가 싶다. 물론 선진 외국에서는 시멘트뿐만 아니라 모래·자갈 등 골재며, 시멘트에 모래까지 건식으로 섞어진 기배합 모르타르, 자갈까지 건식으로 섞어진 기배합 콘크리트도 판매하고 있음에 이 또한 고려해 볼 만한 대상이 아닌가 생각한다.

# 9 시멘트의 운반 및 유의사항

## 9.1 서언

시멘트는 원료공정, 소성공정 및 마무리공정을 거쳐 제조된다. 그런데, 튜브밀 등 분쇄기로 미분쇄된 시멘트는 포대에 담거나, 혹은 가루상태(Bulk)로 화물차, 선박 및 운반트럭에 담겨 레미콘 공장 등 소비처로 운반된다. 이 단원에서는 시멘트의 각종 운반과 관련한 방법 및 운반 및 취급시의 유의사항 등에 대하여 기술하여 본다.

## 9.2 포대 시멘트

소규모 건설공사에서는 시멘트를 전 단원의 사진 2와 같이 포대에 담아 화물트럭 등으로 운반하여 사용한다. 시멘트 공장에서 포대에 담는 시멘트는 자동포장기로 일정한 무게(40 kg)씩 담아 출하하고 있다. 시멘트 포대를 이용하여 콘크리트 공사를 실시할 경우에는 시멘트의 취급 및 저장에 주의할 필요가 있는데, 종전의 건축공사 표준 시방서(1986년판)에는 다음 표 1과 같은 사항을 정하고 있었다.

## 9.3 가루 시멘트(Bulk cement)

대규모 시멘트를 이용하는 경우는 포대 시멘트의 경우 이용도 불편하고, 가격도 비싸다. 따라서 우리나라에서 생산되는 시멘트 70~80 %의 운송방법은 사진 2와 같은 철도 운송으로 이루어지고, 해안가의 일부 시멘트 공장에서는 사진 3과 같은 운반선, 일부는 사진 4와 같은 BCT(Bulk Cement Truck)로 운반된다.

표 1 시멘트 재료의 취급 및 저장

5.2.7 재료의 취급 및 저장

가. 시멘트는 종류별로 구분하여 비·바람 및 습기 등으로 인하여 굳어지지 않도록 저장한다.

나. 시멘트 포대의 올려쌓기는 13포대 이하로 하되 검사하기 쉽게 정돈하여 쌓는다.

다. 조금이라도 굳은 시멘트는 사용하지 않는다. 또 이와 같은 불합격품은 발견 즉시 다른것과 섞이지 않게 구분하여 저장하거나 장외로 반출하여야 한다.

라. 이하 생략

사진 2 시멘트 철도 운반

사진 3 시멘트 해양 운반선

(출처: 프레시안 - 홍춘봉 기자)

사진 4 BCT(Bulk Cement Truck) 육상운반

그런데, 철도 운송이나, 전용 시멘트 운반선의 경우는 시멘트만을 운반하므로 특별히 문제시되는 것은 없다. 그러나 BCT인 경우는 각별히 주의를 기울일 필요가 있다. 즉, 영세한 레미콘 사에서는 BCT를 보유하고 있지 않고 운송을 대행해주는 업체로부터 BCT로 시멘트를 운반하는 경우가 있다. 그렇다 보니 BCT를 보유한 운송업체의 경우 시멘트만을 전용으로 구분하여 운송하면 문제는 없을 테지만, 경우에 따라서는 고로슬래그 미분말, 플라이애시의 운반도 하게 된다. 이 경우는 그래도 낫고, 경우에 따라서는 생석회, 알루미늄 파우더 등을 운반하는 경우도 있다. 그렇게 되면 내부를 깨끗이 씻지 못함으로써 생석회가 시멘트에 포함되는 경우는 사진 5와 같은 팽창 Pop out이 발생하고, 알루미늄 분말은 사진 6과 같이 계속적인 공기포가 발생하여 표면 마감이 엉망인 상황도 발생한 바 있다.

또한, 전해 들은 이야기지만 아주 심한 경우는 설탕을 운반했던 배에 청소도 하지 않고 우리나라 시멘트를 담아 일본에 수출한 적이 있었다고 한다. 그런데 유감스럽게도 시멘트가 정상적으로 굳지 않아 전량 폐기되고, 손해를 배상하는 피해까지 발생한 일도 있었다고 한다.

결론적으로 운송전용회사의 BCT 차량으로 레미콘 공장에 시멘트를 운반하여 활용할 경우에는 이물질이 시멘트에 혼입되지 않도록 철저히 관리하여야만 낭패보지 않는 것이 됨을 명심해야 할 것이다.

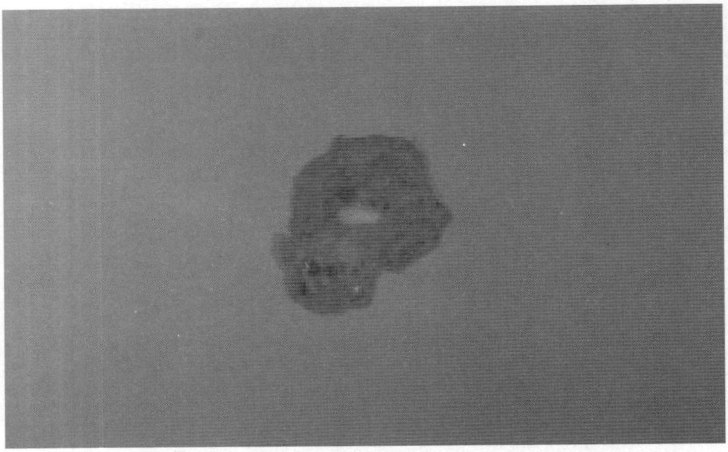

사진 5 생석회에 의한 Pop out 현상

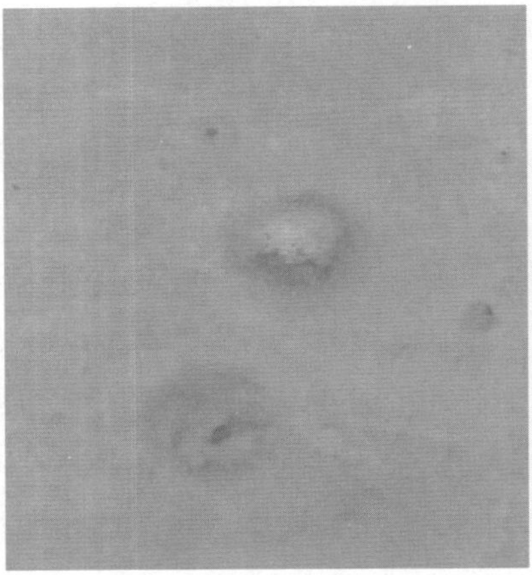

사진 6 알루미늄 분말에 의한 표면 기포 현상

# 10 석탄가스화 복합발전 용융슬래그의 콘크리트용 골재화(Ⅰ)

## 10.1 서언

최근 석탄 화력발전소는 탄산가스, 질소산화물 및 미세먼지 등 인체에 유해한 공해물질을 발생시키는 주요 원인으로 알려지면서, 부정적인 인식을 갖는 여론이 있다. 하지만 석탄 화력발전은 2017년 전체발전량 중의 약 42 %를 차지하는 중요한 전력공급원으로. 유연탄의 경우 2018년 kWh당 정산단가가 81.8원에 불과하여 원자력(62.1원/kWh당) 다음으로 경제성이 높은 발전원에 속하기 때문에 석탄 화력발전을 무작정 줄이는 것은 현실적이지 않다.

이와 같이 석탄 화력발전의 경우 이불리(利不利)가 명확한 상황에서, 발전업계 및 관련 전문가들은 석탄가스화 복합발전(Integrated Coal Gasification Combined Cycle, 이하 IGCC)을 대안으로 제시하고 있다. 그러므로 이 단원에서부터 몇 회는 IGCC의 소개, IGCC슬래그의 콘크리트용 골재로 이용하기 위한 골재특성, 모르타르 및 콘크리트에 활용할 경우의 특성 등에 대하여 소개해 보고자 한다.

## 10.2 IGCC의 개요

IGCC는 석탄을 공기 중에서 직접 연소시키는 기존의 석탄화력 발전 방식과 다르게 그림 1과 같이 석탄을 고온·고압의 증기에서 찐 합성가스의 연소로 전력을 생산하는 방법과 석탄가스화 과정 발생열로 전력을 생산하는 방법의 복합발전 형식인 것이다. 특히, IGCC의 특징으로는 공해물질을 기존 석탄 화력발전과 대비하여 황산화물 90 % 이상, 질소산화물 75 % 이상, 이산화탄소 25 % 이상을 줄일 수 있기 때문에 친환경 발전기술로 주목받고 있다. 이에 국내에서는 최근 IGCC 기술력 확보를 위한 본격적인 투자가 이루어져 2015년 하반기 "한국형 IGCC 실증 플랜트 기술개발 사업"이 추진되어 2016년 8월부터 사진 1과 같은 한국서부발전에서 발전용량 300 MW인 태안 IGCC 플랜트의 상업운전을 시작하였다.

그러나, 이러한 IGCC에서는 연소과정 중 석탄회가 고온에서 용융되면서 슬래그 형태로 부산물이 배출되는데, 이것을 석탄가스화 용융슬래그(Coal Gasification Slag, 이하 CGS)라 한다. CGS는 사진 2와 같이 연간 약 3만 8천 ton 가량이 발생하므로 아직 발생량이 많진 않지만, 향후 IGCC의 대규모 보급을 고려하면 효과적인 활용방안의 개발이 필요한 실정이다. 이에 필자 등의 연구 그룹에서는 CGS를 콘크리트용 골재로 활용하기 위한 연구를 진행하고 있다.

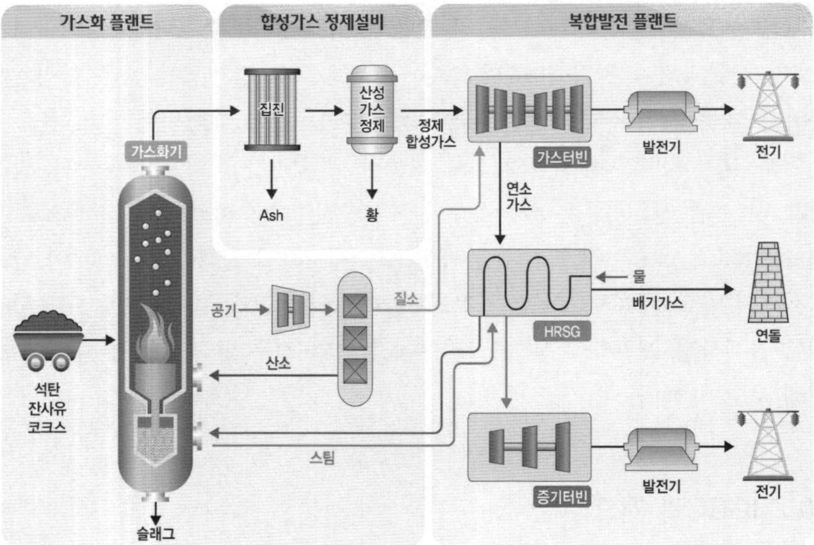


그림 1 IGCC 발전 시스템 개요

사진 1 태안 IGCC 전경(300 MW급 1기)

## 10.3 CGS의 발생과정

CGS는 IGCC의 반응기(가스화기: 그림 1참조)에서 석탄이 연소된 후 남은 재가 약 1 400℃인 용융점 이상의 온도에서 용융 슬래그 형태로 가스화기 내부 표면을 따라 흘러내려 가스화기 바닥의 Water bath에서 급랭되면서 만들어진다.

CGS는 사진 3과 같이 일반적으로 색은 검고, 입자분포는 세립분말~조립괴상 및 일부 침상 형태이며, 결정질이 거의 형성되지 않은 비정질상의 모래와 유사한 입상을 나타낸다.

CGS의 특성은 원탄 종류에 따라 화학조성이 달라지지만 그림 2의 XRD분석 결과와 같이 주성분은 $SiO_2$-$Al_2O_3$-CaO로 이루어져 있다.

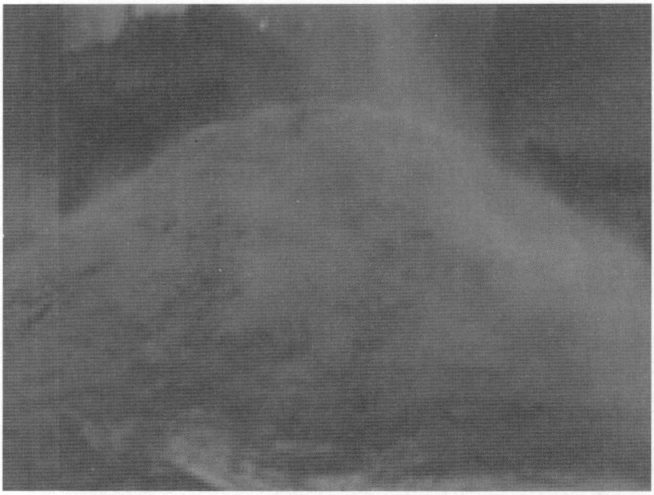

사진 2 IGCC에 발생된 슬래그

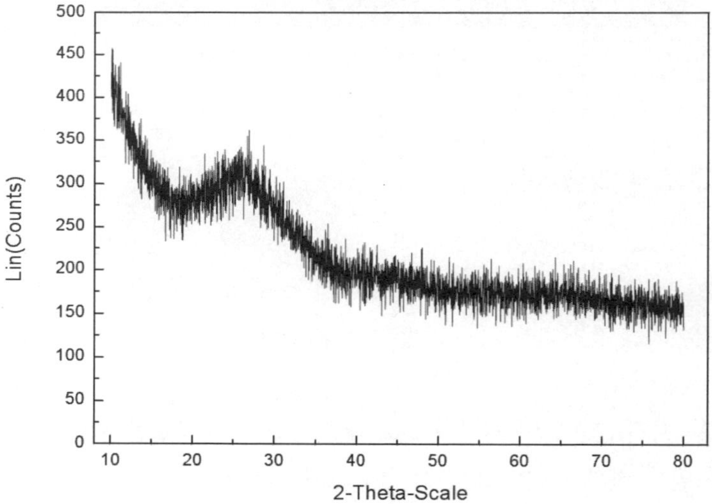


그림 2 CGS의 XRD 측정결과

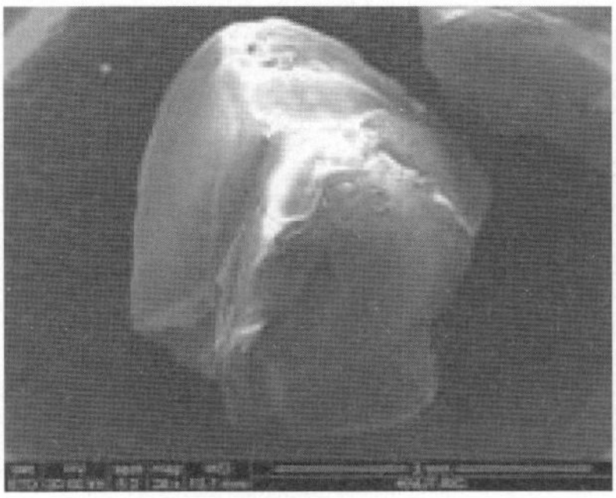

(1) 유리질형

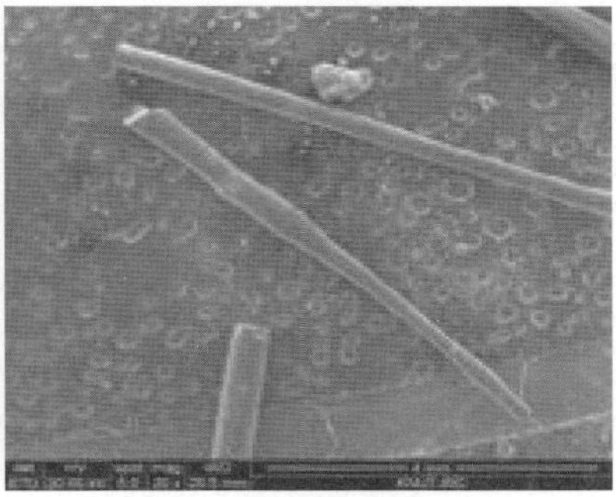

(2) 침상형

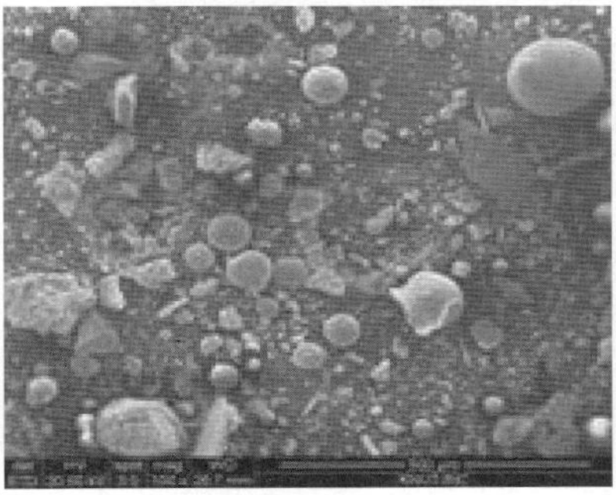

(3) 구형

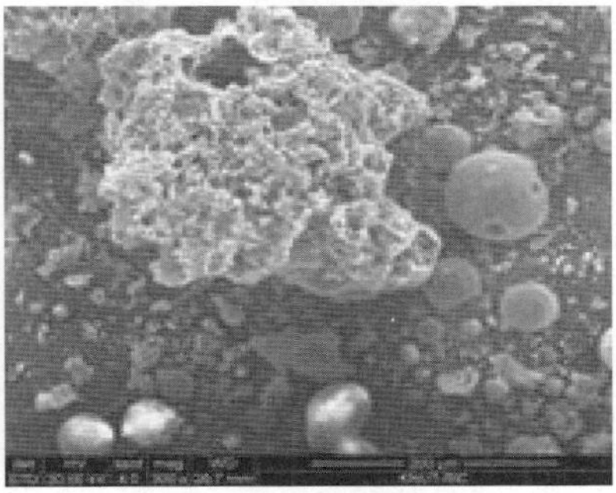

(4) 조립괴상

사진 3 CGS의 형태별 SEM

# 11 석탄가스화 복합발전 용융슬래그의 콘크리트용 골재화(Ⅱ)

## 11.1 서언

전 단원에서는 기존의 석탄화력과 다른 발전형태인 IGCC의 개요, CGS의 발생과정 등에 대하여 기술하였다. 이 단원에서는 전 단원의 연속으로 CGS를 콘크리트용 골재화 하고자 함에 따르는 골재특성에 대하여 소개하고, 다음회에는 콘크리트에 사용할 경우의 특성에 대하여 소개하도록 한다.

## 11.2 실험연구 개요

CGS를 콘크리트용 잔골재로 활용하기 위해 KS F 2527(콘크리트용 골재) 규격에 만족하여야 한다. 그러나 현행 KS F 2527에는 CGS가 규정되어 있지 않으므로, 새롭게 골재 종류에 삽입하거나 혹은 유사한 항목에 편입시켜 규정화할 필요가 있다. 따라서 IGCC 발전소에서 발생하는 CGS를 주 1회씩 3개월분인 12회를 시료로 채취하여 KS F 2527의 여러 골재종류 중 용융슬래그 골재와 유사하여 그 품질 규정 및 참고적으로 일반적인 천연골재의 품질규정과 비교하면서 KS의 실험방법에 맞춰 표 1과 같이 실험을 진행하였다.

## 11.3 실험연구 결과 및 분석

실험연구 결과 콘크리트용 잔골재로서의 물리적 성질과 관련하여서는 표 2, 잔골재의 입도곡선은 그림 1, 화학성분 및 유해물질 함유량·용출량은 표 3과 같다.

전반적으로 CGS는 잔골재로서 둥근 입자모양을 띄어 양호한 형상인 반면 표준 입도범위를 대부분 벗어나는 굵은 입자로서, 일부 절건밀도, 흡수율, 0.08 mm체 통과량 및 화학성분 중 $SO_3$량, 유해물질 용출량 중 불소(F)량이 규정치를 초과하고 있었다. 따라서 특별한 경우는 단독으로 사용하여도 문제시 되지않을 수 있겠지만, 일반적으로는 일부 분쇄, 체가름, 물씻기 등 처리한 후 반대적 품질의 골재와 혼합하여 혼합골재로 활용하는 것이 바람직할 것으로 사료되었다.

표 1 골재의 기초 물성 실험계획

| 실험요인 | | 실험수준 | |
|---|---|---|---|
| 샘플링 횟수 | | 12 | CGS 1~12회[1] |
| 참조 표준 | | 2 | KS F 2527(콘크리트용 골재)중<br>천연 잔골재(NS),<br>용융슬래그 잔골재(MS)[2] |
| 실험사항 | 물리적 특성 | 7 | 절대건조밀도, 흡수율<br>입자모양판정실적률, 안정성[3]<br>팽창성[3], 입도, 조립률 |
| | 불순물 함유량 | 4 | 008 mm체 통과량, 염화물<br>점토함유량[3], 석탄 및 갈탄[3] |
| | 화학분석 | 2 | 화학성분[3]<br>유해물질 함유량 및 용출량[3] |

1) 매주 1회 간격으로 샘플링
2) 천연 잔골재(NS) : Natural aggregate(Sand)
용융슬래그 잔골재(MS) : Melt-solidified salg aggregate(Sand)
3) 1~6회분을 1개 시료로 혼합하여 1차, 7~12회분을 1개 시료로 혼합하여 2차 실험 (공인시험기관에 의뢰)

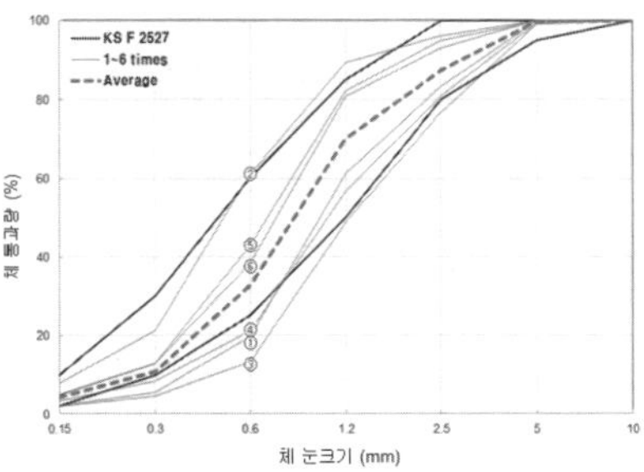


1) 1~6회분

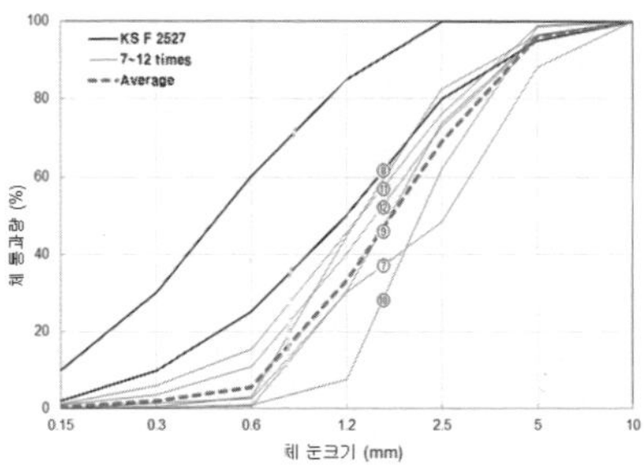


2) 7~12회분

그림 1 CGS의 입도곡선

표 2 CGS의 물리적 성질

<table>
<tr><th colspan="2" rowspan="2">구분</th><th colspan="7">물리적 성질</th><th colspan="4">유해물질 함유량</th></tr>
<tr><th>절대 건조 밀도 (g/cm³)</th><th>흡수율 (%)</th><th>입형판정 실적률(%)</th><th>안정성 (%)</th><th>팽창성 (%)</th><th>입도 곡선 (%)</th><th>조립률 (F.M)</th><th>0.08 mm체 통과량(%)</th><th>염화물 (%)</th><th>점토 함유량 (%)</th><th>석탄 및 갈탄 (%)</th></tr>
<tr><td rowspan="2">규격1)</td><td>천연골재</td><td rowspan="2">≥2.50</td><td rowspan="2">≤3.0</td><td>–</td><td rowspan="2">≤10</td><td>–</td><td rowspan="2">입도곡선 범위</td><td rowspan="2">–</td><td>≤3.0</td><td>≤0.04</td><td>≤1.0</td><td>≤0.5</td></tr>
<tr><td>용융슬래그</td><td>≥53</td><td>≤2</td><td>≤5.0</td><td>–</td><td>–</td><td>–</td></tr>
<tr><td rowspan="12">시료</td><td>1</td><td>2.72</td><td>2.1</td><td>60.1</td><td rowspan="6">3.0</td><td rowspan="6">0</td><td>Out</td><td>3.30</td><td>1.2</td><td>0.003</td><td rowspan="6">0</td><td rowspan="6">0</td></tr>
<tr><td>2</td><td>2.64</td><td>2.3</td><td>61.5</td><td>Out</td><td>2.25</td><td>1.1</td><td>0.002</td></tr>
<tr><td>3</td><td>2.66</td><td>2.2</td><td>59.8</td><td>Out</td><td>3.56</td><td>1.2</td><td>0.001</td></tr>
<tr><td>4</td><td>2.72</td><td>2.3</td><td>60.2</td><td>Out</td><td>3.28</td><td>0.9</td><td>0.001</td></tr>
<tr><td>5</td><td>2.74</td><td>2.5</td><td>60.2</td><td>In</td><td>2.70</td><td>1.2</td><td>0.001</td></tr>
<tr><td>6</td><td>2.71</td><td>2.2</td><td>60.6</td><td>In</td><td>2.63</td><td>0.8</td><td>0.001</td></tr>
<tr><td>7</td><td>2.59</td><td>3.7</td><td>64.1</td><td rowspan="6">4.0</td><td rowspan="6">0</td><td>Out</td><td>4.29</td><td>1.4</td><td>0.001</td><td rowspan="6">0</td><td rowspan="6">0</td></tr>
<tr><td>8</td><td>2.59</td><td>5.0</td><td>65.7</td><td>Out</td><td>3.72</td><td>2.9</td><td>0.001</td></tr>
<tr><td>9</td><td>2.57</td><td>5.1</td><td>63.8</td><td>Out</td><td>3.98</td><td>3.0</td><td>0.001</td></tr>
<tr><td>10</td><td>2.38</td><td>7.5</td><td>64.2</td><td>Out</td><td>4.31</td><td>1.7</td><td>0.001</td></tr>
<tr><td>11</td><td>2.51</td><td>3.0</td><td>64.3</td><td>Out</td><td>3.57</td><td>6.0</td><td>0.002</td></tr>
<tr><td>12</td><td>2.56</td><td>4.0</td><td>63.8</td><td>Out</td><td>3.75</td><td>5.9</td><td>0.001</td></tr>
<tr><td rowspan="4">1~12회 시료의 통계</td><td>평균</td><td>2.62</td><td>3.5</td><td>62.4</td><td>3.5</td><td>0</td><td>Out</td><td>3.45</td><td>2.3</td><td>0.001</td><td>0</td><td>0</td></tr>
<tr><td>최대</td><td>2.74</td><td>7.5</td><td>65.7</td><td>4.0</td><td>0</td><td>Out</td><td>4.31</td><td>6.0</td><td>0.003</td><td>0</td><td>0</td></tr>
<tr><td>최소</td><td>2.38</td><td>2.1</td><td>59.8</td><td>3.0</td><td>0</td><td>Out</td><td>2.25</td><td>0.8</td><td>0.001</td><td>0</td><td>0</td></tr>
<tr><td>표준편차</td><td>0.11</td><td>1.7</td><td>2.15</td><td>--</td><td>–</td><td>–</td><td>0.65</td><td>1.86</td><td>0.001</td><td>–</td><td>–</td></tr>
</table>

1) KS F 2527(콘크리트용 골재) 천연골재 및 용융 슬래그

표 3 CGS의 화학성분 및 유해물질 함유량·용출량

1) 화학성분

| 구분 | CaO(%) | S(%) | $SO_3$(%) | Fe(%) |
|---|---|---|---|---|
| KS (용융슬래그) | 45 이하 | 2.0 이하 | 0.5 이하 | 1.0 이하 |
| 1~6회 혼합 | 13.1 | 0.3 | 0.9 | 0.84 |
| 7~12회 혼합 | 11.8 | 0.18 | 0.5 | 0.36 |

2) 유해물질 함유량·용출량

| 구분 | | Cd | Pd | Cr6+ | As | Hg | Se | F | B |
|---|---|---|---|---|---|---|---|---|---|
| 용출량 (mg/L) | KS (용융슬래그) | 0.01 이하 | 0.01 이하 | 0.05 이하 | 0.01 이하 | 0.000 5 이하 | 0.01 이하 | 0.8 이하 | 1.0 이하 |
| | 1~6회 혼합 | 0 | 0 | 0 | 0 | 0 | 0 | 0.39 | 0.26 |
| | 7~12회 혼합 | 0 | 0 | 0 | 0 | 0 | 0 | 1.00 | 0.90 |
| 함유량 (mg/kg) | KS (용융슬래그) | 150 이하 | 150 이하 | 250 이하 | 150 이하 | 15 이하 | 150 이하 | 4 000 이하 | 4 000 이하 |
| | 1~6회 혼합 | 0.41 | 0 | 0 | 1.94 | 0 | 0 | 0.14 | 108 |
| | 7~12회 혼합 | 0 | 0 | 0 | 0 | 0 | 0 | 4.50 | 0.34 |

# 12 석탄가스화 복합발전 용융슬래그의 콘크리트용 골재화(Ⅲ)

## 12.1 서언

이전 단원에서는 IGCC 의 개요, CGS 의 발생과정과 CGS를 콘크리트용 잔골재로 활용하기 위한 콘크리트용 골재로서의 특성에 대하여 기술하였다. 이 단원에서는 전 단원의 연속으로 CGS를 콘크리트용 잔골재로 활용하기 위한 모르타르·콘크리트 실험 및 콘크리트 부재의 Mock-up시험에 대하여 소개하도록 한다.

## 12.2 실험연구 개요

CGS를 콘크리트용 잔골재로의 활용성을 검토하기 위한 실험으로 모르타르 상태에서는 모르타르 배합비 1:1(W/C 30 %), 1:3(45 %), 1:5(70 %)의 3수준에 대하여 혼합대상 잔골재 2수준, 치환율 5수준 총 30배치로 굳지 않은 상태의 플로, 공기량, 경화상태에서 압축강도 및 휨강도를 시험하였다.

콘크리트 상태에서는 W/C 50 % 1수준에 대하여 혼합대상 잔골재 2수준 치환율 5수준 총 10배치로 굳지않은 상태의 슬럼프, 슬럼프 플로, 공기량, 경화콘크리트에서는 압축강도, 인장강도 및 내구성을 시험하였다. 또한 콘크리트 구조체에 관한 Mock-up 시험은 25-24-180의 레미콘으로 Plain, CGS 25 % 및 50 %로 치환한 3수준의 모의부재를 만들어 각종 특성을 분석하도록 하였다. 단, 이 경우는 실험결과가 너무나 방대하여 모르타르는 생략하고 콘크리트 및 Mock-up 시험 결과의 일부만을 소개하도록 한다.

## 12.3 실험연구 결과 및 분석

콘크리트 상태에서 입도분포가 양호한 석산잔골재(CSa)와 입도가 굵어 표준입도 범위에 속하지 않은 석산잔골재(CSb)에 EEZ 해사(SS)를 혼합하여 표준입도 범위에 속하게 한 혼합잔골재(CSb+SS)각각에 대하여 CGS의 치환율 변화에 따른 슬럼프치는 그림 1, 공기량은 그림 2, 압축강도는 그림 3, 4와 같다.

전반적인 경향으로 CGS가 구 형상을 나타내므로 슬럼프치는 증가한 반면 골재의 다공조직 및 일부 미연소탄분의 영향으로 AE 공기량은 감소하였다. 압축강도는 CSa에 혼합할 경우는 별다른 증가현상을 나타나지 않았으나, CSb+SS로 표준입도 범위는 포함되나 중간입자가 많은 잔골재 입도에 CGS가 50 % 전후로 혼합된 경우 표준입도 분포의 중앙에 위치하여 50 % 전후에서 제일 큰 압축강도가 나타남을 알 수 있다.

기타 Mock-up 시험 결과에서는 전반적인 상황은 콘크리트 실험결과와 유사하고, 특히 CGS 치환율이 증가할수록 응결시간은 단축되고, 그림 5 및 6과 같이 수화열은 감소하며, 건조수축량은 축소되는 매우 양호한 결과를 얻었다.

## 12.4 결언

현 단계에서 IGCC 발전의 CGS는 발생량이 많지 않아 크게 문제시 되지 않는다. 그러나, 차후 IGCC 발전소 건설이 많아져 CGS 발생량이 많아지게 되면, KS F 2527(콘크리트용 골재) 규격에 포함시켜 혼합골재로 활용하면 바람직할 것으로 사료된다. 특히 CGS는 구형상에 따른 유동성 증진 및 잔골재에 대한 CGS 50 % 전후의 치환율에서 강도증진 경향을 효율적으로 활용한다면 화력발전소에서의 부산물처리, 부족한 골재자원 보충 및 저품질 골재의 성능 향상재로 1석 2조 이상의 효과가 있는 것으로 기대된다.

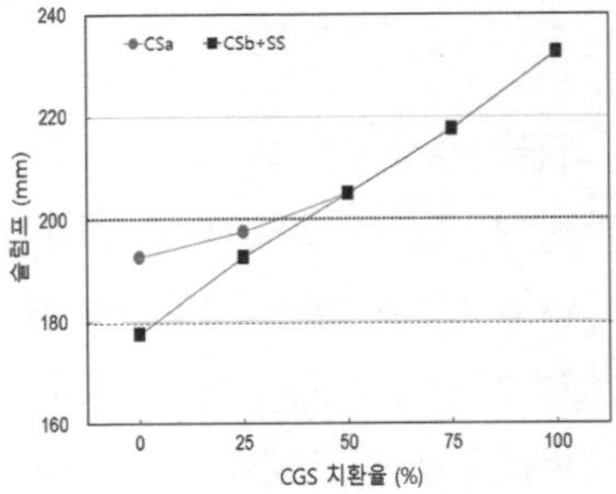


그림 1 CGS 치환율에 따른 슬럼프

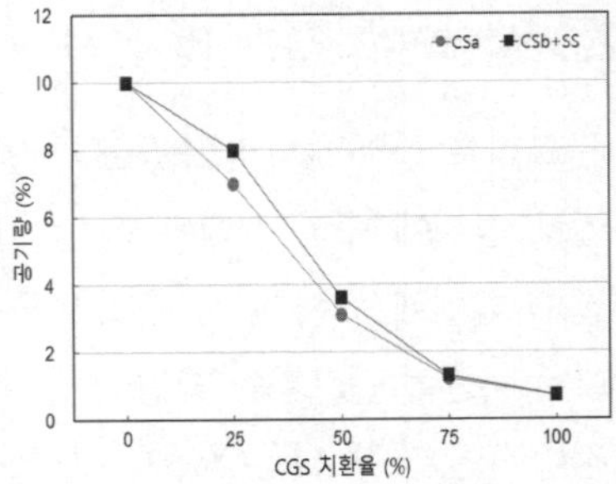


그림 2 CGS 치환율에 따른 공기량

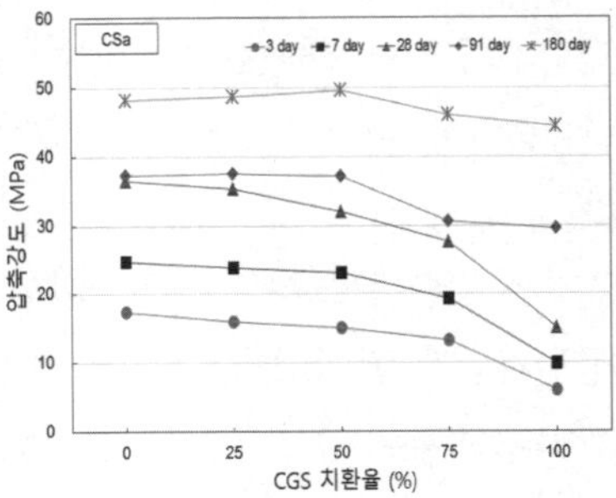


그림 3 CGS 치환율에 따른
압축강도(CSa )

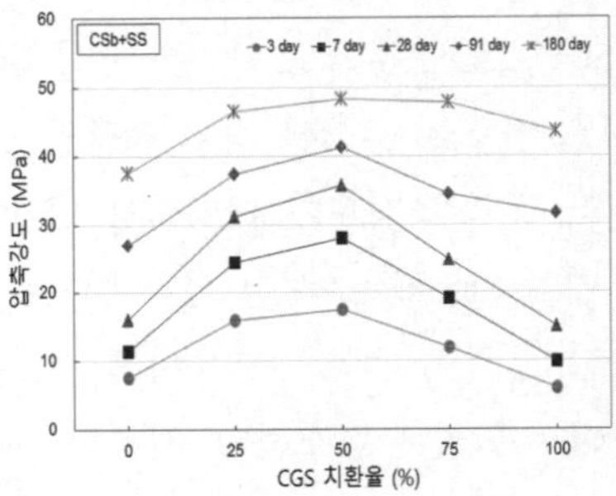


그림 4 CGS 치환율에 따른
압축강도(CSb+SS )

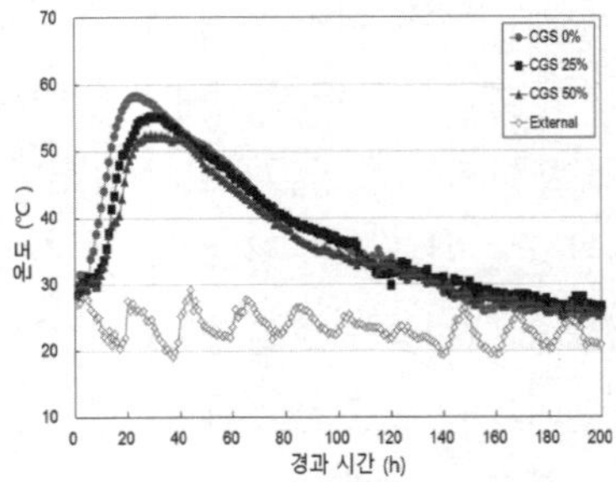


그림 5 시간 경과에 따른
기둥부위의 온도이력

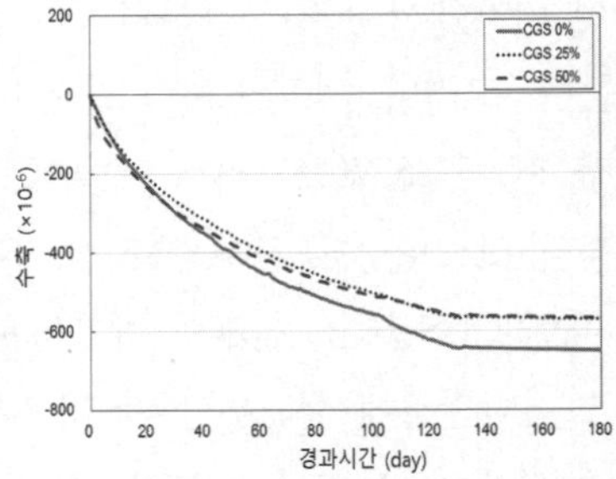


그림 6 재령 경과에 따른
건조수축 길이변화율

# 13 과다팽창 사례

## 13.1 서언

인생사에서도 무엇인가를 잘하려고 지나치게 노력하다 보면 오히려 그르치게 되는 경우가 있다. 물로 반죽된 시멘트 풀로서 골재를 붙이는 개념의 콘크리트인 경우 물의 일부는 강도를 내는 수화반응에 사용되나, 남는 물은 증발하여 건조하게 되면 수축을 일으키게 되는데, 이와 같은 건조수축 균열을 방지하기 위하여 실무에서는 팽창재를 사용하기도 한다.

그러나 이와 같은 팽창재는 올바른 재료로서 적합한 환경에 적량을 사용하게 되면 문제가 없으나 그렇지 않으면 지나친 팽창으로 인해 피해를 볼 수 있다. 이 단원에서는 잘못 선택된 재료, 부적합한 환경 및 지나친 사용량에서 발생하는 몇몇 팽창 피해사례를 소개하여 교훈으로 삼고자 한다.

## 13.2 사례 1 아파트 발코니의 경우

### (1) 상황 개요

2019년 10월 청주의 모 아파트 관리소장으로부터 자문을 의뢰받았다. 1997년 7월에 준공되어 22년 된 4개 동 448세대 아파트인데, 102동 501호의 경우 사진 1과 같이 난간 지지대가 외부 쪽으로 기울임이 발생하였고, 아울러 난간 지지대 안쪽의 난간에는 사진 2와 같이 바닥이 부풀어 오르는 현상이 나타나고, 일부 바닥이 붕괴된 모습이며, 또한 하부벽체가 밖으로 밀리는 듯한 변형과 균열이 발생하였다.

사진 1 난간중 지지대 등 기울임, 정면 사진

사진 2 발코니 바닥 사진

### (2) 자문 사항

본 자문의 난간 지지대 기울임 및 바닥 미장부분 팽창 현상의 원인은 발코니 바닥 미장 모르타르의 팽창에서 기인한 것으로 분석된다. 즉, 20~30년 전인 1990년대의 경우 고층아파트의 건설이 시작되었는데, 거실 등 방바닥의 경우는 온수난방의 미장 마감 후 장판 바름 마감으로 설계되었다. (현재는 대부분 강화 마루목으로 설계됨) 따라서 고층부에 바닥 미장용 모르타르를 콘크리트 펌프로 압송하다 보니 시공성 향상 목적으로 물을 많이 사용하게 되었다. 그렇게 될 경우 당연히 건조수축 균열이 커짐에 따라 장판지가 찢어지는 등 바닥 미장 균열 하자가 많이 발생하여 고심하게 되었는데, 이를 해결하기 위해 우리나라의 많은 건설사들은 외국산 저가인 CSA(Calcium Sulfur Aluminate)계 팽창재 혹은 국내산 저가의 생석회(CaO)계 팽창재를 시멘트 모르타르에 혼합하여 이용하게 되었다.

본 의뢰대상 아파트인 경우도 이 문제를 해결하기 위해 역시 팽창재를 이용하게 되었는데, 팽창재는 생석회계(사진 3 참조 : 수산화칼슘 결정이 다량 존재함)가 이용된 것으로 분석된다. 그러나 이와 같은 팽창재를 거실이나 방과 같은 실내에만 사용하였다면 시공 후 건조한 환경에 놓이게 되어 문제가 없을 것으로 사료되나, 본 자문대상 아파트의 경우는 거실에 이어 발코니까지 팽창재가 혼합된 모르타르로 시공되었다.

사진 3 발코니 바닥 콘크리트 SEM 사진

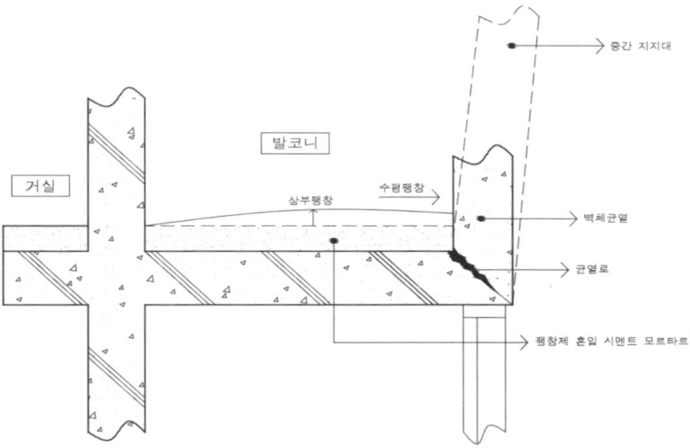


그림 1 난간부분 팽창

그런데 발코니의 경우 상황에 따라 건조된 환경에 놓이기도 하고, 습기환경에 놓이기도 하는데, 시간 경과에 따라 창문의 방수결함 등의 문제로 습기에 장시간 노출된 경우, 특히 생석회계 팽창재인 경우는 지속적인 팽창으로 발코니 바닥 미장 부분이 상부로의 들어 올림 및 수평 방향으로 밀어내는 팽창이 발생하게 되는데, 이때 수평 방향으로의 팽창은 그림 1과 같이 발코니 벽을 밖으로 밀어냄에 따라 지지대의 기울임 현상, 샷시 하부 콘크리트의 균열이 나타난 것으로 고찰된다.

문제를 일으킨 부분의 조치로서는 제일 먼저 팽창을 일으킨 발코니 바닥 미장부분 즉, 난간 벽체 쪽을 배수 도랑 식으로 커팅하여 현재까지 작용하고 있는 응력을 제거한다면 더 이상 문제는 없을 것으로 사료된다. 그러나 팽창하여 들어 올려진 발코니 바닥의 경우를 원 상태로 되돌리는 것은 불가능하다. 따라서 이 문제를 근본적으로 해결하기 위하여는 실내 안쪽 창문 위치 부분에서부터 난간대 하부벽체까지 팽창을 일으킨 발코니 모르타르를 모두 제거하고, 1:3 정도의 보통 모르타르로 재시공하는 것이 바람직할 것이다.

## 13.3 사례 2 기타 건축물 바닥의 경우

과다팽창 피해사례와 관련하여 추가 사례에 대하여 소개해 본다.

### (1) 제주도

2019년 11월 20일 한국건설순환자원학회가 제주도 해비치 호텔에서 있어 제주도의 이곳저곳을 돌아보게 되었다. 그런데, 옛날 「목석원」이란 곳이 「돌 문화공원」으로 바뀌어 광활한 대지에 박물관 및 야외에 제주도 특유의 많은 기암괴석이 전시되고 있었다.

그러나 전시한 모든 기암괴석은 매우 인상적이고 좋았지만, 돌 문화 박물관 바닥은 건조수축 균열이 많이 발생하였고, 이에 반대 경향으로 박물관 옆 「오백장군 갤러리」에는 사진 4와 같이 아마도 팽창재 과다사용이 의심되는 팽창균열이 발생하여 아쉽게 느껴졌다.

사진 4 갤러리 바닥균열

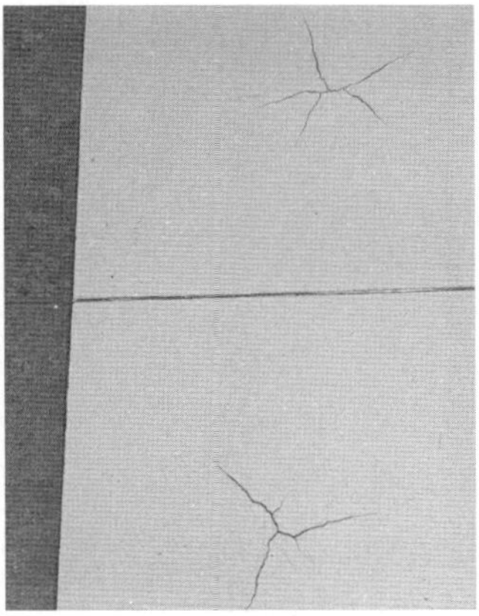

사진 5 바닥 타일 균열

### (2) 서울·지하철 기타

서울을 자주 오르내리며 땅만 보는 것은 아니지만, 콘크리트학회에 가기 위해 서울 지하철 2호선 강남역에 내려 국기원 쪽 출구로 가다 보면 바닥 타일이 사진 5와 같이 부풀어 오른 균열을 발견할 수 있다. 화학분석이나 진단을 정식으로 해 본 것은 아니지만 부풀어 오르며 가운데만 균열이 간 것으로 보아 아마도 타일 제조과정에서 석회석이나 돌로마이트 등 팽창을 일으킬 수 있는 성분이 집중적으로 포함되게 소성하여 만들어진 것이 아닌가 싶다. Free-CaO 혹은 MgO는 물에 접하게 되면 대책 없는 팽창을 일으키기 때문에 신중을 기하여야 한다.

기타 사례로 벌크 시멘트를 운반하는 차량(BCT 차량)에 생석회를 운반한 후 깨끗이 청소하지 않고 시멘트를 운반함에 생석회가 포함된 위치에서 팝아웃(Pop out) 현상이 나타나 하자가 되었던 사례도 있다.

# II 보통 콘크리트

# 1 콘크리트 배합설계의 개요

## 1.1 서언

우리가 집을 지을 때에는 머릿속의 생각을 직접 대지 위에 짓기보다는 설계 도면으로 작도한 다음 필요한 부분은 몇 번이고 수정한 후 확정된 설계도에 따라 실제로 주어진 대지 위에 전문가의 도움을 받아 건설하게 된다. 콘크리트의 경우도 마찬가지이다. 수요자가 요구하는 사항을 아무 준비 없이 바로 레미콘 생산설비에서 생산하는 것은 아니고, 실험실에서 요구에 맞는 최적의 재료로 조합을 정하는 배합설계를 실시한 후 생산 라인에 도입하여 레미콘을 생산하게 되는 것이다. 따라서 이 단원에서는 콘크리트의 배합설계에 관한 방대한 양을 전부 다룰 수는 없는 것이므로 개요만을 소개하고, 상세한 내용은 참고문헌을 참조하도록 한다.

## 1.2 배합설계의 개요

콘크리트의 배합설계(Mix design)란 수요자가 요구하는 품질에 합당하게 콘크리트를 제조하기 위한 시멘트, 골재, 물, 혼화재료 등 각 재료의 혼합비율 또는 사용량을 결정하는 것을 말한다. 즉, 굳지 않은 상태의 워커빌리티, 경화 상태의 강도, 수밀성 및 내구성 등 요구품질을 가장 경제적으로 성취하는 것을 목표로 하는데, 레미콘 생산의 경우는 KS F 4009(레디믹스트 콘크리트) 규격에 만족하도록 설계한다.

배합설계의 순서는 반드시 정해져 있는 것에 따라야만 하는 것은 아니고, 어떻게 하든 좋은 결과만 내면 된다. 그러나, 아무리 그렇다 해도 어느 단체에서 이렇게 하면 편리하다고 제안한 것이 있다면 그것에 따르면 좋은 것이다. 참고로 일본 건축학회에서는 미국이나 유럽과 다르게 그림 1의 흐름도 및 그림 2의 순서를 제안하고 있는데, 그간의 우리나라 정서와 잘 맞는 점도 있어 그 방법을 소개해 본다.

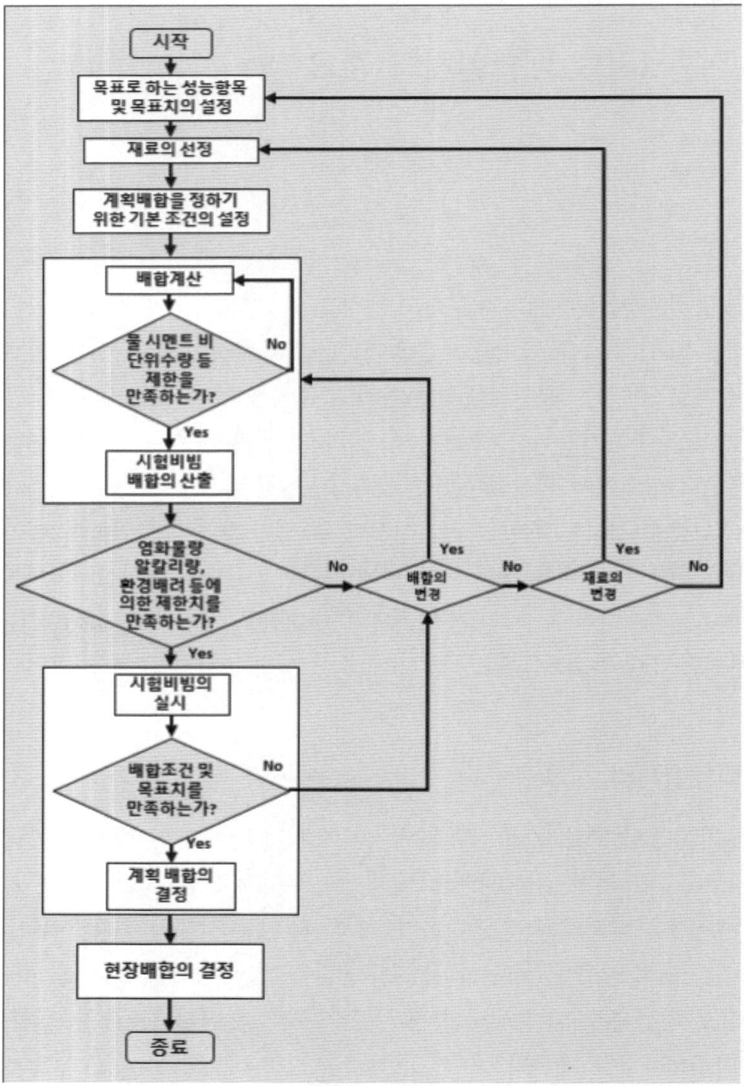


그림 1 배합설계의 순서

*참고문헌 : 일본건축학회, 콘크리트의 조합 설계지침·동해설, 2015

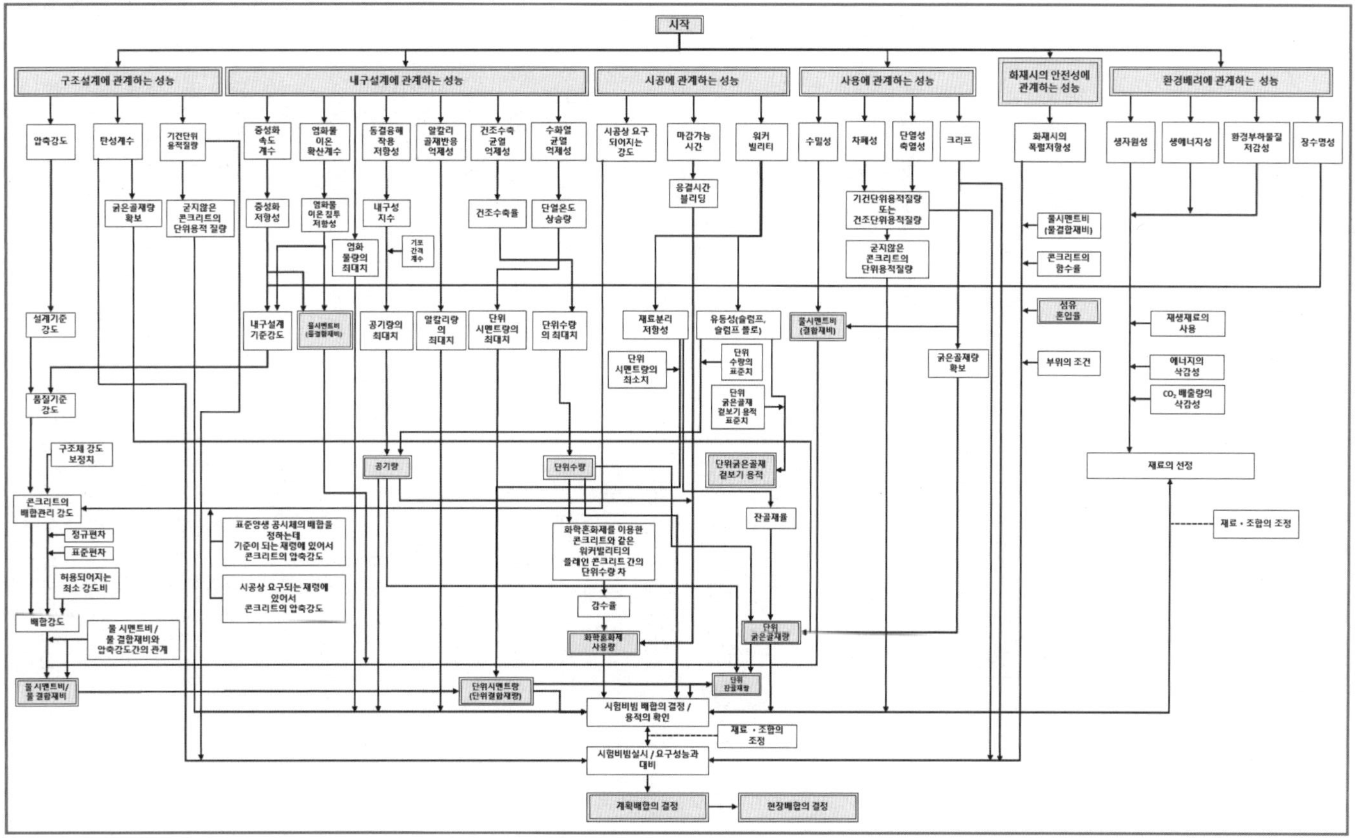


그림 2 배합계산의 일반적인 순서

# 2 콘크리트 내구성의 의미와 계획공용기간

## 2.1 서언

콘크리트와 연관된 사람이면 누구든지 내구성이란 용어를 아주 많이 사용한다. 그러나 막상 내구성이 무엇이냐고 묻게 되면 「건축물이 붕괴되기 직전까지의 기간」으로, 즉 사람이 사망할 때까지인 수명처럼 생각할 뿐 정확히 이해하지 못하는 경우가 많다. 따라서 이 단원에서는 콘크리트에 있어 정확한 내구성의 의미와 일본에서 채택하고 있는 계획 공용 기간에 대하여 소개해 보고자 한다.

## 2.2 내구성에 관한 용어의 정의

콘크리트의 내구성(耐久性: Durability)이란 콘크리트 표준 시방서 내구성편에 「콘크리트가 설계조건 하에서 시간 경과에 따른 내구적 성능저하 또는 열화가 작고, 소요의 사용 기간 중 요구되는 성능의 수준을 지속할 수 있는 성질」로 정의하여 「붕괴되기 직전까지의 기간」과는 다르게 정의하고 있다. 즉, 인간의 경우 산소호흡기에 의존하는 삶은 의미가 없고 건강하게 사는 것을 건강수명이라고 하는 것과 유사한 개념으로 이해하면 좋을 것이다. 이때 열화(劣化)란 「구조물의 재료적 성질 또는 물리, 화학, 기후적 혹은 환경적인 요인에 의하여 주로 시공 이후에 장기적으로 발생하는 내구성능 저하 현상 또는 내구성능 저하요인」으로 정의되고 있다.

또한, 일본건축공사 표준 시방서의 (JASS)의 경우는 「내구성이란 열화 작용의 환경하에 있어서 건축물 및 부재가 요구성능을 유지 존속될 수 있는 능력」이라고 정의하고 있다. 또 다른 표현으로는 「철근콘크리트조 건축물을 구성하는 모든 구조체 및 부재는 계획공용기간 중에 있어서 구조 안정성, 내화성, 사용성능을 확보하고 계속할 필요가 있다.」라고 기술되어져 있다.

즉, 공용기간 중은 구조부재에 철근 부식이나 콘크리트에 중대한 열화가 생기지 않는 것을 목표로 하고 있는 것이다.

## 2.3 열화의 요인

그렇다면 내구성 저하를 유발하는 요인은 어떤 것이 있는가? 일본의 콘크리트의 배합설계 지침·동해설에는 내구성에 관계하는 성능에 영향을 주는 일반적 열화 작용의 예를 표 1과 같이 소개하고 있다. 이때 JASS 에서 설명하고 있는 특수한 열화 작용과 설계·시공상 고려해야 할 사항은 표 2와 같다.

표 1 내구성에 영향을 주는 열화 작용의 예

| 분류 | 열화 작용의 예 |
|---|---|
| 기상작용 | 동결융해작용, 기온의 변화, 일사에 의한 열, 바람, 비 |
| 물리적·화학적 작용 | 고온, 저온, 변동 온·습도에 의한 작용, 탄산가스의 작용, 아황산가스의 작용, 물에 의한 용해작용, 해수·산·염 등 각종 화학물질의 작용, 테리아·균류·천공동물 각 종 생물의 작용 |
| 기계적 작용 | 계속되는 진동, 반복하중, 마모작용, 파랑의 작용 |

## 2.4 내구성 및 계획 공용기간의 고려

앞에서 고찰한 바와 같이 내구성은 대단히 많은 열화 요인 항목이 고려대상이지만, 대표적으로 실무에서 다루어지는 것은 동결융해 작용에 따르는 동해, $CO_2$ 등에 의한 중성화(탄산화), 염화물에 의한 염해, 고 알칼리 시멘트와 반응성 골재에 의한 알칼리 골재 반응, 내화학적 부식 중 황산염 침식 및 기타가 일반적이다.

일반적인 열화 작용을 받는 경우 「계획공용기간」이란 철근 콘크리트 구조물의 구조체 및 부재의 성능이 저하하지 않게끔, 국부적으로 경미한 열화는 별개로 하고, 중성화의 진행에 의해 내부철근이 부식을 시작하고, 일부는 피복 콘크리트의 박리를 일으키는 열화에 대하여 대규모적인 보수를 실시하지 않아도 되는 기간을 상정하고 있다.

표 2 특수한 열화작용과 설계·시공상 고려할 사항

| 구분 | 열화외력 | 열화요인 | 열화현상 | 대상지역·건축물·부재 | 내구설계·시공에서 고려할 사항 |
|---|---|---|---|---|---|
| 지역적 요인 | 토양성분 | 산성토양, 황산염토양, 암염 | 콘크리트·철근의 부식 | 온천지대 | 내식마감, 피복증가, 내황산염 시멘트사용, 낮은 물시멘트비 |
| | 지하수 | pH치, 황산이온, 염소이온 | 콘크리트·철근의 부식 | 온천지대·해안지대 | |
| | 부식성가스 | 아황산가스, 황화 수소가스 | 콘크리트·철근의 부식 | 온천지대·공업지역 | |
| | 고온 | 일사열 | 균열·표면 열화 | 열대지역 | 마감, 균열대책 |
| 부위적 요인 | 피로 | 차량·크레인 등 주행 하중의 반복 | 균열, 콘크리트의 박리 | 공장의 보·슬래브, 주차장 | 철근보강, 단면증가, 충격방지 |
| | 고열작용<br>(300℃ 이상) | 고열폭로, 가열냉각 반복, 열응력 | 균열, 내력저하 열화 | 공업로, 굴뚝 | 단열설계, 내화·내열 콘크리트 |
| | 고온작용<br>(300℃ 미만) | 장기 고온폭로, 열응력 | 균열, 처짐, 내력저하 | 발전소, 전해공장, 굴뚝, 난방슬래브 | 단열설계, 철근보강, 균열대책 |
| | 극저온 | 급격한 온도강하·온도변화 반복 | 균열, 부재 내력저하 | 저온창고, 저온가공공장 | 단열설계, 철근보강 |
| | 마모작용 | 차량 주행, 보행 | 표면마모 | 주차장, 공장 보행로 | 내마모 마감, 경질 골재사용 |
| | 유기산·무기산 | 황산·초산·염산·<br>아초산·프탈산 기타 | 콘크리트·철근의 부식 | 화학 공장, 실험시설 기타 | 내식 마감 |
| | 염류 | 황산염·아황산염·<br>초산염·염화물 기타 | 콘크리트·철근의 부식 | 화학 공장, 실험시설 기타 | 내식 마감,<br>내황산염시멘트 사용 |
| | 유지류 | 야자유, 식물씨유, 아마인유, 어유 | 콘크리트의 표면 열화 | 화학공장, 식품공장 | 내식 마감 |
| | 부식성 가스 | 아황산·탄산가스, 황화수소 | 콘크리트·철근의 부식 | 굴뚝·화학공장, 분뇨하수시설 | 내식 마감 |
| | 건식작용 | 누전전류 | 철근의 부식, 부재의 균열, 내력저하 | 전해공장, 철도시설<br>(철도선에 접한건물) | 절연, 콘크리트의 건조, 염분량 |
| | 미생물의 작용 | 박테리아(황산), 균류 | 콘크리트의 부식 | 분뇨·하수처리시설, 축산시설 | 마감, 피복, 내황산염 시멘트 |

이와 같은 개념에서 일본의 경우는 다음 표 3과 같은 4개의 급으로 나누어 관리하고 있다.

결론적으로 콘크리트의 내구성이란 의미를 정확히 이해할 필요가 있고, 또한 일본과 같이 성능 설계를 도입하여 계획공용기간의 연수를 고려한 콘크리트의 내구성 설계가 하루속히 실무에서 도입되기를 기원해 본다.

표 3 계획공용기간에 따른 구분 및 내구설계기준강도

| 계획공용기간의 급 | 계획공용기간의 연수 | 내구설계 기준강도 ($N/mm^2$) |
|---|---|---|
| 단기 | 30년 | 18 |
| 표준 | 60년 | 24 |
| 장기 | 100년 | 30 |
| 초장기 | 200년 | 36 |

* 계획공용기간의 급이 초장기로 피복두께를 10 mm 증가인 경우는 30 $N/mm^2$로 할 수 있다.

# 3 레미콘의 생산시스템

## 3.1 서언

1903년 독일의 마겐스(J.H.Magens)에 의해 공장형태의 콘크리트 생산으로 레미콘의 효시를 이룬 이후 레미콘 산업은 비약적인 발전을 이루었다. 이 단원에서는 전 단원의 연속으로 배합설계된 자료에 의거 레미콘을 생산하는 것과 관련하여 레미콘 생산시스템 등에 대하여 소개해 보고자 한다.

## 3.2 레미콘 생산시스템의 분류

레미콘이란 시멘트, 골재, 혼화재료 및 물을 KS F 4009(레디믹스트 콘크리트)에 규정된 공장의 제조설비 및 방법에 따라 제조한 후 트럭 에지테이터(Truck agitator) 혹은 트럭믹서(Truck mixer)로 공사현장까지 운반되는 굳지 않은 콘크리트를 말한다. 이와 같은 레미콘은 설비의 고정유무에 따라 정치식(고정식)과 이동식(간이 배치플랜트)이 있고, 설치되는 지역에 따라 육상식과 해상식이 있다.

또한, 레미콘은 공장에서 물을 넣는 시기와 관련하여 그림 1과 같이 물을 넣고 비벼진 것을 운반하는 습식과 고체상의 재료만을 넣고 현장 인근에서 물을 넣고 혼합하는 건식이 있다. 습식의 경우는 콘크리트의 혼합을 정치식(定置式) 배치 플랜트 내의 고정식 믹서에서 물을 넣고 혼합되어지는 정도에 따라 센트럴 믹스와 쉬링크 믹스로 나누어지는데, 우리나라의 경우는 거의 대부분 센트럴 믹스의 습식방식을 택하고 있다.

## 3.3 배치 플랜트의 구조

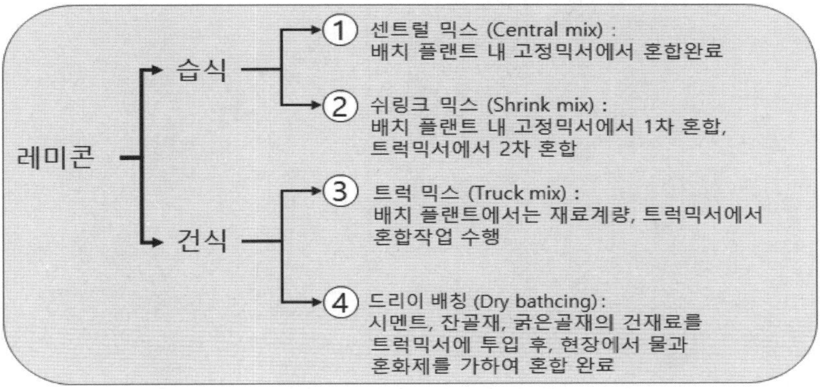


그림 1 레미콘 생산방식의 분류

레미콘 공장에 설치되어 있는 플랜트 중에는 한 배치(Batch)의 재료를 넣는 설비를 배칭 플랜트(Batching plant), 비빔 설비를 믹싱 플랜트(Mixing plant)라고 하고, 두 개를 합쳐 배쳐 플랜트(Batcher plant)혹은 배치 플랜트(Batch plant)라 한다.

배치 플랜트는 골재계량 설비와 혼합설비가 일체화되어 있는지 여부에 따라 탑형(塔型)과 횡치형(橫置型)으로 구분된다. 서로 간에 장단점은 있지만, 양호한 품질관리 관점에서는 탑형이 유리한데, 일반적인 구조는 그림 2와 같고, 공장의 제조공정도로 나타내면 그림 3과 같은데, 배치 플랜트의 주요 공정요소는 다음과 같다.

① 시멘트의 수송 및 저장설비
② 골재의 수송 및 저장설비
③ 계량기
④ 비빔장치(믹서)
⑤ 조정장치(Control system)
⑥ 폐수처리 설비
⑦ 기타 설비(집진기, 양수기, 전기설비, 보일러, 서중콘크리트 설비 등)

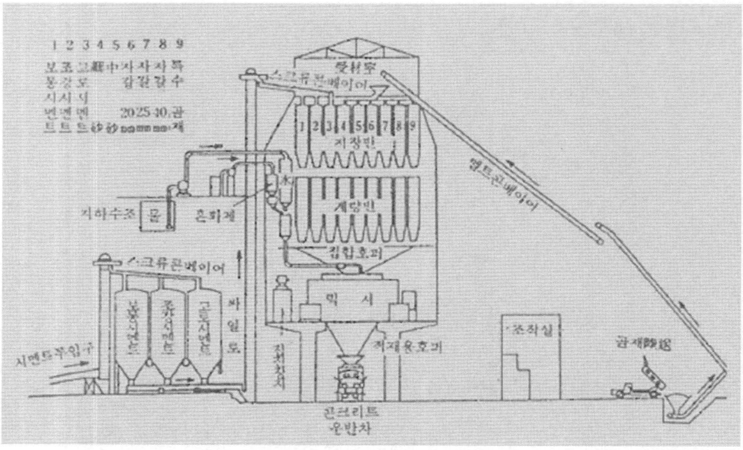


그림 2 배치 플랜트의 일반적인 구조

출처:콘크리트학회, 최신콘크리트 공학

사진 1 레미콘 공장사진

출처 : www.cginews.net

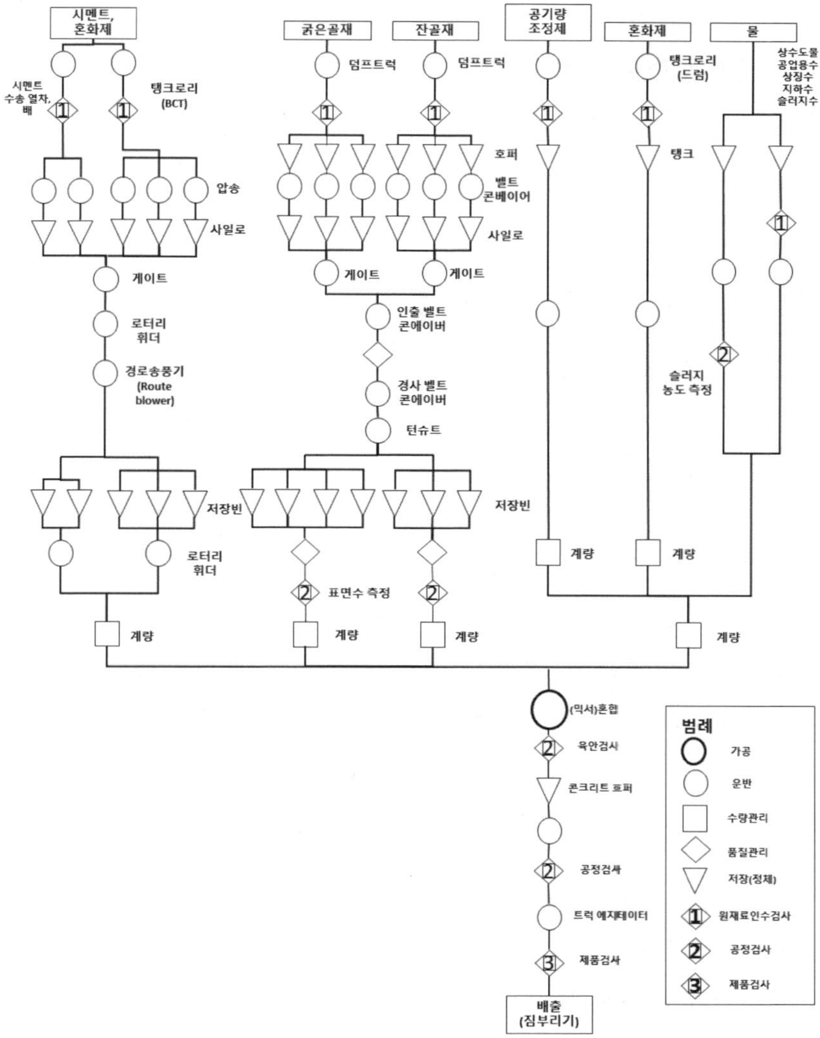


그림 3 레미콘 공장의 제조공정도

출처:일본건축학회, 콘크리트 품질관리지침 ·동해설

# 4 재료계량, 혼합, 운반 및 검사

## 4.1 서언

이전 단원에서는 레미콘 생산과 관련한 일련의 내용으로 콘크리트의 배합 설계와 레미콘 생산시스템에 대하여 개요를 소개하였다. 이 단원에서는 레미콘 생산과 관련한 재료계량 및 혼합에 관한 사항과 생산된 레미콘의 운반 및 검사에 대하여 설명하도록 한다.

## 4.2 재료계량

레미콘 생산에서 무엇보다 중요한 사항은 신속하고 정확한 재료계량이다. 계량방식에는 용적방식과 중량방식이 있지만, 현재는 대부분 중량계량방식으로 이루어지고, 단독과 누적 계량방법이 있지만, 현재는 대부분 단독계량법을 채택하고 있다. 계량설비는 전자저울과 같은 로드셀(Load cell) 시스템으로서, 운용은 골재·시멘트·혼화재·물 등 많은 용량은 3점 달기, 혼화제 등 적은 용량은 1점 달기로 이루어진다.

재료 계량시 중요한 것은 정확도 관리인데, 재료를 계량할 때 생기는 오차는 계량기 자체에 의한 오차와 저장빈의 재료를 계량기에 공급할 때 게이트(Gate)의 개폐 동작 등에 의하여 생기는 오차가 있다. 이중에서 전자의 계량기 자체 오차에 대하여 검사하는 것을 「정하중(靜荷重) 검사」라고 하고, 검사법은 분동, 전기식 검정기 등이 이용된다.

또한, 후자의 계량 제어 장치에 대하여 오차를 검사하는 것을 「동하중(動荷重) 검사」라고 하고, 검사법은 지시치와 설정치 간의 오차를 조사하는 것으로서, 이때 계량의 허용오차는 표 1과 같다. 참고적으로 레미콘사 배치플렌트에서 이루어지는 전반적인 계량 및 혼합 모니터링의 일례는 그림 1과 같다.

표 1 계량의 허용오차

| 재료의 종류 | 허용오차 |
|---|---|
| 시멘트 | ± 1 % |
| 골재 | ± 3 % |
| 물 | -2 % + 1 % |
| 혼화재 | ± 2 % |
| 혼화재(용액) | ± 3 % |

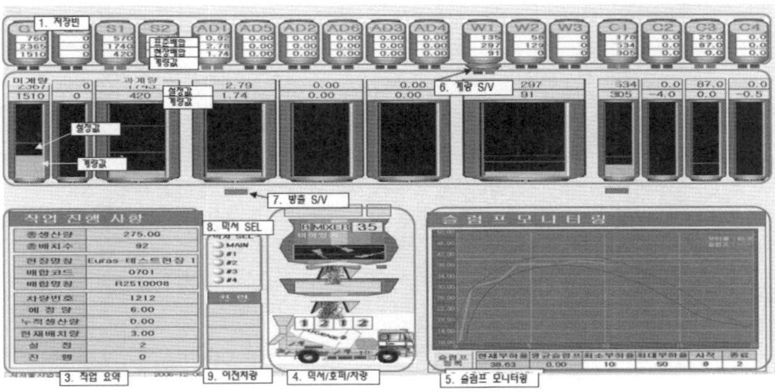


그림 1 계량 및 혼합 모니터링의 일례

## 4.3 혼합

콘크리트의 혼합은 믹서(Mixer)가 이용된다. 믹서의 종류로는 그림 2와 같이 분류되는데, 종전에는 중력식 믹서 중 가경식 믹서가 많이 이용되었지만, 최근에는 강제식의 수평축인 2축 믹서가 가장 많이 이용되고 있다. 1회 비빔용량은 0.5, 0.75, 1.0, 2.0, 2.5, 3.0 혹은 6.0 $m^3$ 등 다양하지만 우리나라의 경우 레미콘 운반 트럭이 6 $m^3$이므로 대부분 3.0 $m^3$의 믹서가 이용되고 있다.

믹서의 비빔성능과 관련하여서는 KS F 4009에 규정되어 있다. 즉, 소정의 용량 및 소정시간 동안 혼합하여 제조된 레미콘이 KS F 2455(믹서로 비빈 콘크리트 중의 모르타르와 굵은골재량의 변화율차 시험방법)에 따라 시험한 값이 다음 ①,② 값 이하가 되도록 관리해야 한다.

① 콘크리트 중의 모르타르 단위용적질량 차 : 0.8 %

② 콘크리트 중의 단위굵은골재량의 차 : 5 %

균질한 콘크리트를 얻기위한 비빔시간은 믹서의 형식, 용량, 콘크리트의 종류, 슬럼프 등에 따라 다르다. 따라서 각 레미콘 사에서는 콘크리트의 종류, 슬럼프에 따라 비빔량과 비빔시간을 변화시켜 믹서의 비빔성능 시험을 실시한 후 균질한 콘크리트가 얻어지는 시간을 구해두고 이에 따라 1배치 생산시간 및 1일 생산량 한계를 정하여 관리할 수 있다.

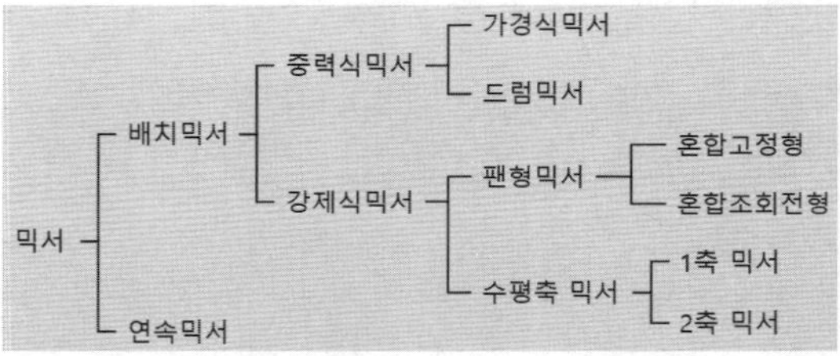


그림 2 믹서의 분류

## 4.4 운반

재료가 혼합되어 제조된 레미콘은 트럭에 실려 주문한 건설현장으로 운반된다. 운반트럭은 된 비빔 콘크리트인 경우는 덤프트럭이 이용되지만, 일반적인 경우는 동체를 회전하는 형식의 트럭 에지테이터(Truck agitator)와 트럭믹서(Truck mixer)가 이용되는데, 우리나라에서는 운반거리가 짧아 모두 트럭 에지테이터가 이용되고 있다.

건식방식으로 혼합을 중시하는 트럭믹서와 달리 트럭 에지테이터는 레미콘 공장에서 혼합되어진 콘크리트가 엉기지 않을 정도로 휘저으면서 건설공사 현장으로 운반되는데, 드럼 회전속도는 2~6회/분으로 운반거리에 따라 조절할 수 있다. 참고적으로 레미콘 공장에서 현장까지 총 회전수는 200회 전후가 바람직한데, 최소 100회 이상, 최대 400회는 넘지 않도록 관리하는 것이 좋다.

운반차의 성능검사는 레미콘을 시공현장까지 운반한 후 전체 콘크리트의 약 1/4과 3/4의 위치에서 시료를 채취하여 슬럼프 시험을 실시했을 경우 양쪽의 차이가 30 mm 이내가 되는 성능이어야 한다.

## 4.5 레미콘의 검사

트럭 에지테이터로 대운반된 콘크리트는 펌프카에 의한 소운반이 이루어지기 전에 납품서(송장)를 제출하고 검사를 받게 된다. 이때 레미콘을 사용하는 입장에서는 인수검사가 되는데, 검사항목과 판정기준은 표 2와 같다.

표 2 제품검사 항목과 판정기준

<table>
<tr><th>품질특성</th><th colspan="3">판정기준</th></tr>
<tr><td rowspan="4">슬럼프</td><td>슬럼프(mm)</td><td colspan="2">허용오차(mm)</td></tr>
<tr><td>25</td><td colspan="2">±10</td></tr>
<tr><td>50 및 65</td><td colspan="2">±15</td></tr>
<tr><td>80이상</td><td colspan="2">±25</td></tr>
<tr><td rowspan="4">슬럼프 플로</td><td>슬럼프 플로(mm)</td><td colspan="2">허용오차(mm)</td></tr>
<tr><td>500</td><td colspan="2">±75</td></tr>
<tr><td>600</td><td colspan="2">±100</td></tr>
<tr><td>700</td><td colspan="2">±100</td></tr>
<tr><td rowspan="5">공기량</td><td>콘크리트의 종류</td><td>공기량(%)</td><td>허용오차(%)</td></tr>
<tr><td>보통 콘크리트</td><td>4.5</td><td rowspan="4">±1.5</td></tr>
<tr><td>경량 콘크리트</td><td>5.5</td></tr>
<tr><td>포장 콘크리트</td><td>4.5</td></tr>
<tr><td>고강도 콘크리트</td><td>3.5</td></tr>
<tr><td>염화물 함유량</td><td>염화물 이온(Cl−)량으로 0.30 kg/m³ 이하</td><td>상한치에 지정이 있는 경우는 그에 따름</td><td>구입자의 승인을 얻은 경우는 0.60 kg/m³로 할수 있음</td></tr>
<tr><td>강도</td><td colspan="3">1회 시험결과는 구입자가 지정한 호칭강도값의 85 % 이상<br>3회 시험결과 평균값은 구입자가 지정한 호칭강도값 이상</td></tr>
</table>

# 5 현장 내 운반, 타설준비 및 타설작업

## 5.1 서언

이전 단원에서는 레미콘 생산과 관련한 내용으로 콘크리트의 배합설계, 레미콘 생산시스템, 생산과 운반 및 검사에 대하여 개요를 소개하였다. 이 단원에서는 레미콘 시공과 관련하여 현장 내 운반과 타설준비 및 타설작업에 대하여 소개하고 다지기 및 표면 마감처리에 관한 내용은 차기 단원에서 설명하도록 한다.

## 5.2 현장 내 운반

레미콘 공장에서 생산된 굳지않은 콘크리트가 에지테이터 트럭에 실려 건설공사 현장에 도착하면(대운반) 도착된 레미콘의 품질검사가 이루어진 후 타설 구조체로 현장 내 운반(소운반)이 이루어진다. 현장 내 운반 방법 중 간단한 방법으로는 에지테이터 트럭에서 직접 부어 넣기, 경사진 슈트(Chute), 콘크리트 플레이서(Placer), 벨트 컨베이어(Belt conveyor), 외바퀴 손차, 두바퀴 손차(리어카), 엔진손차(Power buggy) 등이 있다. 수직방향의 운반으로는 종전의 경우 콘크리트 타워를 설치하고 버킷(Bucket)에 콘크리트를 담아 윈치(Winch)를 작동시켜 타워 호퍼(Tower hopper), 바닥 호퍼(Floor hopper)를 거쳐 수평 운반기구로 운반 후 타설하였지만 현대에는 콘크리트 펌프가 폭넓게 이용되고 있다.

콘크리트 펌프의 종류로는 정치식과 트럭 탑재식(콘크리트 펌프차)으로 구분된다. 정치식 콘크리트 펌프는 초고층 현장과 같이 한 현장에서 장시간 사용하는 경우, 혹은 중간층에서의 중계용으로도 적합하다. 트럭 탑재식은 붐이 있는 것과 붐이 없는 것이 있는데, 붐이 없는 펌프차는 현장에서 배관을 연결하여 사용하는데, 고층 압송조건이나 장거리 압송에 적합하다. 붐이 장착된 펌프차는 기동성이 좋아 현장 사이의 이동이 용이하고, 배관작업 및 타설 시 진동을 줄일 수 있는 등 취급 및 경제적인 면에서 큰 장점이 있다.

콘크리트 펌프는 압송방법에 따라 압축공기의 압력에 의한 것, 튜브 속의 콘크리트를 짜내는 식의 것, 피스톤으로 압송하는 것이 있는데 대부분은 유압을 이용한 피스톤 압송식이다. 압송관의 지름은 콘크리트의 종류, 품질, 굵은 골재의 최대치수, 압송조건 등을 고려하여 대략 100~150 mm인 것이 많이 사용되는데, 압송관 선단에는 플렉시블 호스를 설치하여 조금씩 옮겨가며 타설한다.

사진 1 펌프 타설 모습

출처 : https://blog.naver.com/powm001/222677712444

콘크리트의 운반시간 한도로 KS F 4009의 경우는 비비기로부터 현장 도착 시까지 90분 이내로 되어 있지만, 콘크리트 표준 시방서의 경우는 비비기로부터 현장 도착 및 콘크리트 타설이 끝날 때까지의 시간으로 원칙적으로 외기온도가 25℃ 이상일 때는 1.5시간(90분), 25℃ 미만일 때에는 2시간(120분)을 넘어서는 안 되도록 규정되어 있다. 이 경우 타설 시간을 30분 정도로 고려하면 역으로 외기온이 25℃ 이상인 경우는 KS F 4009에서 규정한 레미콘 운반시간 90분보다 더 빠른 60분이 되어야 함도 이해할 필요가 있다(제 1권 Ⅱ-5참조).

참고적으로 펌프차를 이용하여 타설할 경우 콘크리트 배합설계 및 시공 시 고려사항은 그림 1과 같다.

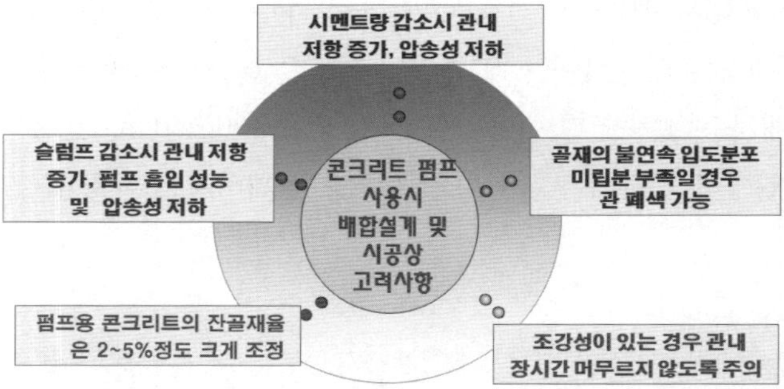


그림 1 펌프차 이용 콘크리트 타설 시 배합설계 및 시공 시 고려사항

## 5.3 타설 준비

콘크리트는 좋은 품질의 것을 생산하여 반입하였더라도 타설작업이 잘 이루어지지 않으면 좋은 구조물을 만들기 곤란하다. 따라서 콘크리트 타설 전에는 시공계획서로 타설계획을 수립하여야 하는데, 타설계획 시 고려사항은 그림 2와 같다.

또한, 콘크리트 표준시방서에 정하고 있는 타설 준비는 표 1과 같다.

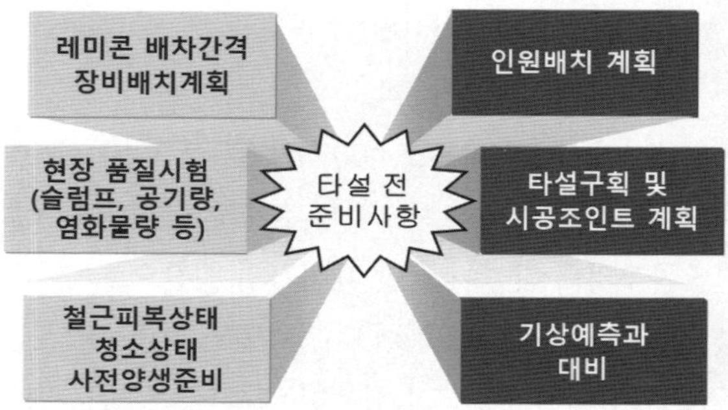


그림 2 타설계획 시 고려사항

표 1 시방서에 규정된 콘크리트 타설준비 사항

3.3 타설
3.3.1 준비
(1) 콘크리트를 타설 전에 철근, 거푸집 및 그 밖의 것이 설계에서 정해진 대로 배치되어 있는가, 운반 및 타설 설비 등이 시공계획서와 일치하는가를 확인하여야 한다.
(2) 콘크리트를 타설 전에 운반장치, 타설설비 및 거푸집 안을 청소하여 콘크리트 속에 잡물이 혼입되는 것을 방지하여야 한다.
(3) 콘크리트가 닿았을 때 흡수할 우려가 있는 곳은 미리 습하게 해두어야 하며, 이때 물이 고이지 않도록 주의하여야 한다. 콘크리트를 직접 지면에 치는 경우에는 미리 깔기 콘크리트를 깔아두는 것이 좋다.
(4) 터파기 안의 물은 타설 전에 제거하여야 한다. 또 터파기 안에 흘러 들어온 물에 이미 타설한 콘크리트가 씻기지 않도록 적당한 조치를 취하여야 한다.

## 5.4 타설 작업

타설작업 진행은 시공계획서 중 타설계획에 따라 인원, 장비 자재의 배치가 적절한가를 확인하면서 진행한다. 타설할 때 콜드조인트가 발생하지 않고 다짐이 충분히 될 수 있는 범위 내에서 연속적으로 진행한다. 기타 상세한 콘크리트 타설 작업에 관한 콘크리트 표준 시방서의 규정은 표 2와 같다.

표 2 시방서에 규정된 콘크리트 타설

3.3.2 타설
(1) 콘크리트의 타설은 원칙적으로 시공계획서를 따라야 한다.
(2) 콘크리트의 타설 작업을 할 때에는 철근 및 매설물의 배치나 거푸집이 변형 및 손상되지 않도록 주의하여야 한다.
(3) 타설한 콘크리트를 거푸집 안에서 횡방향으로 이동시켜서는 안 된다.
(4) 타설 도중에 심한 재료 분리가 발생할 위험이 있는 경우에는 재료분리를 방지할 방법을 강구하여야 한다.
(5) 한 구획 내의 콘크리트는 타설이 완료될 때까지 연속해서 타설하여야 한다.
(6) 콘크리트는 그 표면이 한 구획 내에서는 거의 수평이 되도록 타설하는 것을 원칙으로 한다.
(7) 콘크리트 타설의 1층 높이는 다짐능력을 고려하여 결정하여야 한다.
(8) 콘크리트를 2층 이상으로 나누어 타설할 경우, 상층의 콘크리트 타설은 원칙적으로 하층의 콘크리트가 굳기 시작하기 전에 해야 하며, 상층과 하층이 일체가 되도록 시공한다. 또한, 콜트조인트가 발생하지 않도록 하나의 시공구획의 면적, 콘크리트의 공급능력, 이어치기 허용시간간격 등을 정하여야 한다. 이어치기 허용시간 간격은 표 3.3-1을 표준으로 한다.

표 3.3-1 허용 이어치기 시간간격의 표준

| 외기온도 | 허용 이어치기 시간간격 |
|---|---|
| 25 ℃ 초과 | 2.0시간 |
| 25 ℃ 이하 | 2.5시간 |

주) 허용 이어치기 시간간격은 하층 콘크리트 비비기 시작에서부터 콘크리트 타설 완료한 후, 상층 콘크리트가 타설되기까지의 시간

(9) 거푸집의 높이가 높을 경우, 재료 분리를 막고 상부의 철근 또는 거푸집에 콘크리트가 부착하여 경화하는 것을 방지하기 위해 거푸집에 투입구를 설치하거나, 연직슈트 또는 펌프배관의 배출구를 타설면 가까운 곳까지 내려서 콘크리트를 타설하여야 한다. 이 경우 슈트, 펌프배관, 버킷, 호퍼 등의 배출구와 타설 면까지의 높이는 1.5 m 이하를 원칙으로 한다.

(10) 콘크리트 타설 도중 표면에 떠올라 고인 블리딩수가 있을 경우에는 적당한 방법으로 이 물을 제거한 후가 아니면 그 위에 콘크리트를 쳐서는 안 되며, 고인 물을 제거하기 위하여 콘크리트 표면에 홈을 만들어 흐르게 해서는 안 된다.

(11) 벽 또는 기둥과 같이 높이가 높은 콘크리트를 연속해서 타설할 경우에는 타설 및 다질 때 재료 분리가 될 수 있는 대로 적게 되도록 콘크리트의 반죽질기 및 타설 속도를 조정하여야 한다.

# 6 콘크리트의 다지기

## 6.1 서언

이전 단원에서는 레미콘 시공과 관련한 현장 내 운반과 타설 준비 및 타설 작업에 대하여 소개하였다. 이 단원에서는 전 단원의 연속으로 타설작업 중 다지기에 대하여 설명하도록 한다.

## 6.2 타설의 어원

콘크리트의 타설(打設)이란 부어넣기 및 다지기를 포함하는 말이다. 한문으로 「타(打)」란 '두드릴 타'로서 두드려 설치한다는 의미이고 또한, 「콘크리트를 친다」 「콘크리트를 때린다」라는 말로도 표현된다. 그렇다면 두드리고, 치고, 때리는 의미는 무엇인지 역사적으로 고찰해 본다.

우리나라에 시멘트 및 콘크리트가 보급된 것은 일본 강점기 때이다. 이때에는 전혀 기계화가 이루어지지 않았기 때문에 철판 위에 질통으로 시멘트와 모래를 운반하여 펴고, 먼저 건식으로 비빈 다음, 가운데를 갈라 자갈과 물을 넣고 각진 삽으로 양쪽에 두 사람씩 서서 한쪽으로 뒤집어 비비고, 반대쪽으로 뒤집어 비비기를 4~5회 한 다음 콘크리트 구조체에 밀어 넣으면 다음으로 다져주는 작업이 시작된다.

그런데, 이 시기의 특징으로 시멘트는 분말도가 작아(굵은입자) 장기강도에는 유리할 수 있을지라도 단기에는 큰 강도를 내지 못하여 현대 개념에서 보면 좋지 못한 시멘트이었지만 그래도 가격은 상대적으로 매우 고가였다. 따라서 콘크리트의 강도관리를 위하여 일본 관리들은 물을 가능한 적게 넣고 되게 비벼지도록 하였는데, 그렇다면 다짐을 어찌해야 할까? 되게 비벼진 콘크리트를 잘 다져주지 않으면 재료분리 소위 곰보투성이가 되어 구조체로 사용할 수 없게 된다.

따라서 당시에는 인건비가 저렴하였고, 철근배근도 적었으므로 비빔인원 이상 다짐인원을 배치하고 철근, 몽둥이, 달고 등을 이용하여 콘크리트 표면을 때리고, 치고, 두드리는 작업을 하여 된비빔 콘크리트가 밀실하게 다져져서 표면으로 물이 올러와 질펀해질 때까지 작업을 계속하였다. 따라서, 거푸집에 콘크리트를 채우는 작업을 "콘크리트를 때린다", "콘크리트를 친다", "콘크리트 타설"이라고 부르게 된 것이다.

## 6.3 다지기의 목적 및 종류

거푸집 속에 부어넣은 콘크리트는 시멘트의 점성 및 골재간 결합으로 말미암아 공간, 기포 등이 존재한다. 따라서 이와 같은 공간 및 기포를 제거하고, 거푸집, 철근 및 매설물 등에 밀착하여 치밀하고 균질한 콘크리트가 되도록 충분히 다져 주어야 한다. 특히 된비빔 콘크리트인 경우는 다지기 방법의 정도에 따라 강도, 수밀성 및 내구성에 큰 영향을 미친다. 반면에 묽은비빔 콘크리트인 경우는 오히려 과도하게 다짐하면 굵은골재 입자는 가라앉고 물, 시멘트 및 미세한 모래입자는 떠오르는 재료분리 현상이 발생하여 콘크리트 품질을 해칠 우려도 있다.

콘크리트 다짐방법의 종류로는 표 1과 같은 것이 있는데, 옛날에는 주로 손다짐으로 하였으나, 최근에는 진동다짐이 가장 많이 활용되고 있다.

## 6.4 진동기의 작용과 운용

진동기의 작용 원리로서는 거푸집에 부어넣어진 콘크리트에 진동기로 대단히 빠른 진동의 충격을 주면 방사상으로 응력이 전달되어 콘크리트는 일시적으로 액체처럼 된다. 골재와 시멘트에 유효하게 중력이 작용하여 공기가 상부로 빠져나가면서 각기 입자상태에 따라 유동하며 가라앉아 공간을 채워 밀도가 증가하는 다짐이 이루어지는 것이다. 진동기의 종류로는 그림 1과 같이 다양하게 분류되는데, 대표적인 모습은 사진 1과 같다. 다지기에 대한 시방서 규정 내용은 표 2와 같다.

참고적으로 콘크리트에 가하는 진동시간 및 간격은 콘크리트의 종류와 슬럼프에 따라 다르므로 목업(Mock-up)시험에 의하여 정하여야 하지만 대체적으로 진동시간은 5~15초가 보통이다.

표 1 콘크리트 다짐장비

| 방법 | 내용 |
|---|---|
| ① 손다짐 (Rodding) | • 대나무, 철근, 삽, 달고 등으로 다짐 |
| ② 진동다짐 (Vibrating compaction) | • 내부진동기와 외부진동기가 있음 |
| ③ 거푸집 두드림 | • 나무망치등으로 거푸집 표면을 두드림 |
| ④ 가압법 (加壓法) | • 롤러등의 압력 혹은 진동으로 표면을 눌러줌 |
| ⑤ 원심력법 | • 말뚝 등 제조시에 원심력을 이용 |
| ⑥ 진공처리법 | • 콘크리트 표면을 진공처리하여 다짐 |

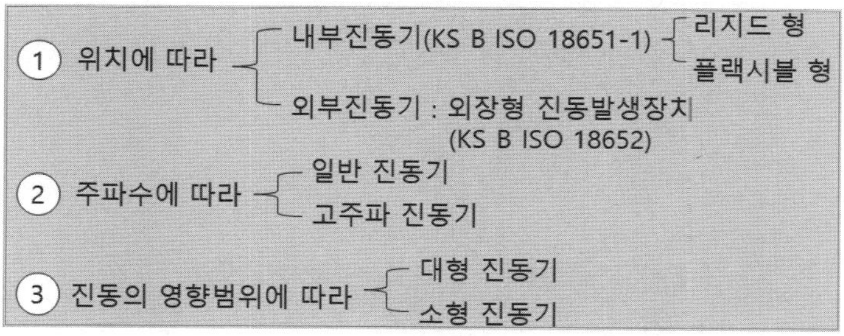


그림 1 진동기의 종류

내부진동기

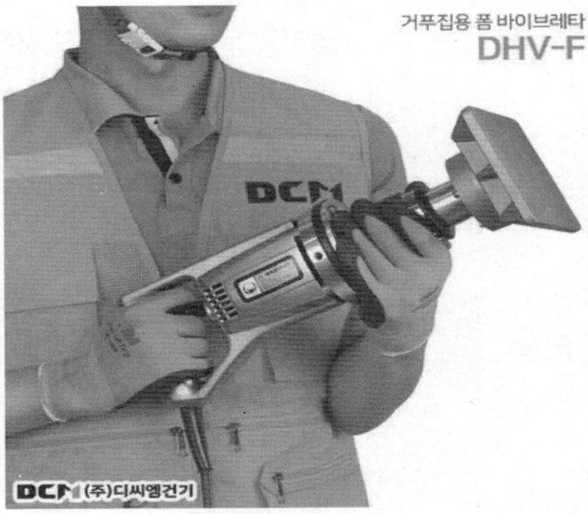


외부 진동기

표면 진동기

사진 1 각종 진동기

또한, 진동기 운행간격은 표 3의 진동에 영향을 미치는 범위를 참조하여 진동이 유효한 반지름(보통 0.5 m) 이하로 한다. 콘크리트를 1회 부어넣는 높이는 진동 부분의 길이를 고려하여 0.3~0.6 m로 하고, 진동기의 끝은 전층에 약간(0.1 m) 들어갈 정도로 한다. 진동의 효과는 봉의 지름, 진동수, 진폭 및 중량에 따라 다르며 진동가속도에 비례하기 때문에 진동수가 큰 것일수록 다짐의 효과가 크다. 진동수는 8,000~12,000 vpm이 사용되는데, 내부진동기의 능력은 소형의 경우 4~8 $m^3$/hr, 대형의 경우는 15 $m^3$/hr 정도이다.

표 2 시방서에 규정된 콘크리트 다지기

3.3.3 다지기

(1) 콘크리트 다지기에는 내부진동기의 사용을 원칙으로 하나, 얇은 벽 등 내부진동기의 사용이 곤란한 장소에서는 거푸집 진동기를 사용해도 좋다.
(2) 콘크리트는 타설 직후 바로 충분히 다져서 콘크리트가 철근 및 매설물 등의 주위와 거푸집의 구석구석까지 잘 채워져 밀실한 콘크리트가 되도록 하여야 한다.
(3) 거푸집 판에 접하는 콘크리트는 되도록 평탄한 표면이 얻어지도록 타설하고 다져야 한다.
(4) 내부진동기의 사용 방법은 다음을 표준으로 한다.
  ① 진동다지기를 할 때에는 내부진동기를 하층의 콘크리트 속으로 0.1 m 정도 찔러 넣는다.
  ② 내부진동기는 연직으로 찔러 넣으며, 그 간격은 진동이 유효하다고 인정되는 범위의 지름 이하로서 일정한 간격으로 한다. 삽입간격은 일반적으로 0.5 m 이하로 하는 것이 좋다.
  ③ 1개소당 진동 시간은 다짐할 때 시멘트풀이 표면 상부로 약간 부상하기까지가 적절하다.
  ④ 내부진동기는 콘크리트로부터 천천히 빼내어 구멍이 남지 않도록 한다.
  ⑤ 내부진동기는 콘크리트를 횡방향으로 이동시킬 목적으로 사용하지 않아야 한다.
(5) 진동기의 형식, 크기 및 대수는 1회에 다짐하는 콘크리트의 전 용적을 충분히 다지는 데 적합하도록 부재 단면의 두께 및 면적, 1시간당 최대 타설량, 굵은골재 최대 치수, 배합, 특히 잔골재율, 콘크리트의 슬럼프 등을 고려하여 선정한다.
(6) 거푸집 진동기는 거푸집의 적절한 위치에 단단히 설치하여야 한다.
(7) 재진동을 할 경우에는 콘크리트에 나쁜 영향이 생기지 않도록 초결이 일어나기 전에 실시하여야 한다.

표 3 보통콘크리트에서 진동의 영향범위(단위:mm)

| 분류 | 봉지름 (mm) | 진동수 (vpm) | 진폭 (mm) | 슬럼프(mm) | | |
|---|---|---|---|---|---|---|
| | | | | 150 | 100 | 50 |
| 소형 | 38 | 8,000 | 2~3 | 150 | 120 | 100 |
| 대형 | 60 | 8,000 | 1.8~2.0 | 250 | 200 | 170 |
| | 60 | 12,000 | 0.2~1.5 | 500 | 350 | 220 |

사진 2 콘크리트 타설 모습

출처 : https://cafe.naver.com/homeplankorea

# 7 표면마감 처리

## 7.1 서언

레미콘 시공과 관련하여 이전 단원에서는 운반과 타설작업에 대하여 소개하였다. 이번 단원에서는 전 단원의 연속으로 표면마감 처리에 대하여 설명하도록 한다.

단, 콘크리트의 표면마감은 거푸집 면을 그대로 마감 면으로 하는 처리와 콘크리트 타설면을 표면처리 하여 마감 면으로 이용하는 경우가 있는데, 이 단원에서는 후자에 대하여만 기술한다.

## 7.2 표면 마감처리의 목적 및 방법

콘크리트 공사에서 타설이 완료되면 어떠한 형태이던 표면 마감작업을 실시하게 된다. 표면 마감은 타설된 콘크리트 표면의 평활화, 수밀성 향상, 내구성 향상, 침하 및 소성수축 균열방지의 목적으로 실시하는 것이다. 표면 마감처리 방법으로는 널판마감, 나무흙손 혹은 쇠흙손 마감, 각종 마감처리 기계로 피니셔(Finisher) 마감이 있다.

콘크리트인 경우 마감처리 시점은 블리딩 수 및 응결시간과 연관이 있다. 즉, 굳지 않은 상태인 콘크리트에서 타설작업이 완료되면 아직은 액체상태이므로 밀도가 크고 굵은 입자인 경우는 먼저 가라앉고 상대적으로 밀도가 작은 공기와 물은 위로 떠오르는데, 이때 떠오르는 물을 블리딩 수라고 한다. 블리딩 수는 시간이 지나면 증발하기도 하고 누수되기도 하지만, 표면마감 처리 전에 블리딩 수가 남아 있다면 제거하여야 한다. 블리딩 및 침하 시간은 길게는 4~5시간 계속되는 경우도 있지만, 대부분은 1~2시간이면 어느 정도 완료된다. 그런데, 만약 블리딩이 완료되기 이전에 마감작업을 실시하게 되면 장비의 무게를 견디지 못하여 마감한 자국이 남게 되어 미관도 좋지 못할 뿐만 아니라, 마감으로 인해 단단해진 표면층 아래에 블리딩수가 모여 품질이 불량한 취약층이 형성됨으로써 스케일링(Scaling) 동해를 유발할 수도 있다.

또한, 이번에는 블리딩은 완료되었을지라도 블리딩 수가 완전히 건조되어 사라지거나, 혹은 제거되지 않은 상태에서 마감을 하게 되면 블리딩 수가 재차 콘크리트 표면에 스며들어 물시멘트비를 크게 함으로써 표면 부위의 강도 및 내구성을 저하시키고, 또한 스며든 물에 의해 표면의 공기량이 감소하게 되면 내동해성도 저하시킬 수 있다. 따라서 마감작업은 블리딩이 확실히 완료되고, 표면의 블리딩 수를 확실하게 제거된 다음 초결시간 이후에 실시하도록 하여야 한다.

블리딩이 완료되었는지 여부는 육안으로 식별이 가능하지만, 증발속도가 블리딩 속도보다 더 빠른 경우는 표면이 건조해 보여 블리딩이 완료된 것으로 착각할 수 있다. 이럴 때에는 투명합성수지 시트(비닐 등)를 콘크리트 표면의 일부에 덮어주면 이 부분의 증발이 억제됨으로써 블리딩이 완료되었는지 여부를 판단할 수 있다.

사진 1과 같은 피니셔의 표면마감시간 종료시점은 콘크리트의 종결이 완료되는 시점 이내에서 맞춰져야 한다. 만약 종결 이후까지 표면마감 작업이 늦어지면 표면이 굳어져 마감이 되지 않음에 따라 표면에 물을 뿌려가며 마감을 할 수밖에 없는데, 이 경우는 역시 콘크리트 표면의 물 · 시멘트비를 크게 하여 강도 및 내구성이 저하될 수 있다.

응결시간과 연관한 콘크리트의 마감시간은 그림 1과 같이 초결부터 종결시간 사이에 진행되어야만 한다. 이때 초결과 종결시간은 사진 2와 같은 기기로 KS F 2436(관입저항침에 의한 콘크리트 응결시간 시험 방법)에 의하여 시험한다. 단, 마감처리 작업 후 침하 혹은 소성수축 균열이 발생할 수도 있는데, 이 경우에는 표면을 각목이나 판재 등으로 두들겨 주는 탬핑(Tamping)작업을 하여 제거하고, 경우에 따라서는 재마감 작업을 실시하여야만 한다.

사진 1 피니셔 마감

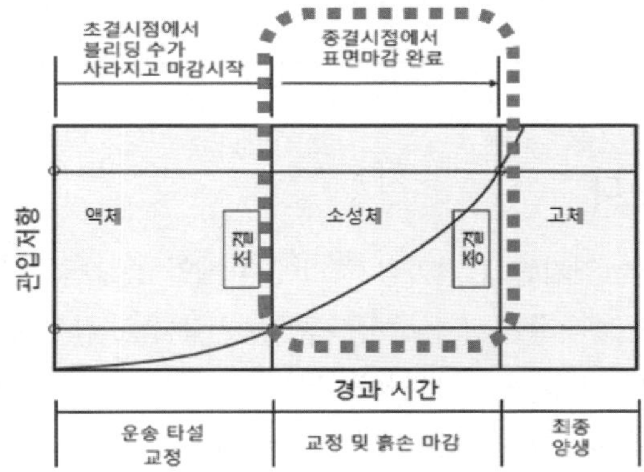


그림 1 콘크리트의 마감시간

## 7.3 시방서 규정

국토교통부 제정 콘크리트 표준시방서에 규정하고 있는 침하 균열에 대한 조치 및 콘크리트 표면 마감처리에 대한 규정은 표 1과 같다.

표 1 콘크리트 표준시방서 규정

3.3.4 침하균열에 대한 조치
(1) 슬래브 또는 보의 콘크리트가 벽 또는 기둥의 콘크리트와 연속되어 있는 경우에는 침하균열을 방지하기 위하여 벽 또는 기둥의 콘크리트 침하가 거의 끝난 다음 슬래브, 보의 콘크리트를 타설하여야 한다. 내민 부분을 가진 구조물의 경우에도 동일한 방법으로 시공한다.
(2) 콘크리트가 굳기 전에 침하균열이 발생한 경우에는 즉시 다짐이나 재 진동을 실시하여 균열을 제거하여야 한다.

3.3.5 콘크리트 표면 마감처리
(1) 타설 및 다짐 후에 콘크리트의 표면은 요구되는 정밀도와 물매에 따라 평활한 표면마감을 하여야 한다.
(2) 블리딩, 들뜬 골재, 콘크리트의 부분침하 등의 결함은 콘크리트 응결 전에 수정 처리를 완료하여야 한다.
(3) 기둥, 벽 등의 수평이음부의 표면은 소정의 물매와 거친 면으로 마감하여야 한다.
(4) 콘크리트 면에 마감재를 설치하는 경우에는 콘크리트의 내구성을 해치지 않도록 하여야 한다.

## 7.4 물 때 잡는다

앞에서도 언급하였지만 표면마감 처리에서 제일 중요한 것은 블리딩 수의 제거와 아울러 초결과 종결의 응결시간을 찾는 것이다. 실무에서는 노련한 기능공이 흙손이나 못으로 눌러 보거나 긁어보고 「이때다」라고 하며 가장 적절한 시기에 적업을 개시하게 되는데 이것을 「물 때 잡는다」라고 한다.

응결시간 측정의 기본은 사진 2와 같은 프록터 관입저항 시험기로 하는 것이 표준이다. 그런데, 이 방법은 몇 가지 문제점이 있다. 즉 콘크리트를 5 mm 체로 쳐서 모르타르를 시료로 함에 따르는 번잡함이 있고, 또한 장비의 무게가 20 kg 정도 되어 무거우며, 6단계로 침을 바꿔가면서 저항값을 구해야 하는 복잡함이 있는 등 실무 건설현장에서 이를 이용하기에는 어려움이 따른다. 그렇기 때문에 실무에서는 표면마감작업 시 프록터 관입저항 시험기를 이용하지 않고 기능공의 감으로 물때를 잡고 있는 것이다.

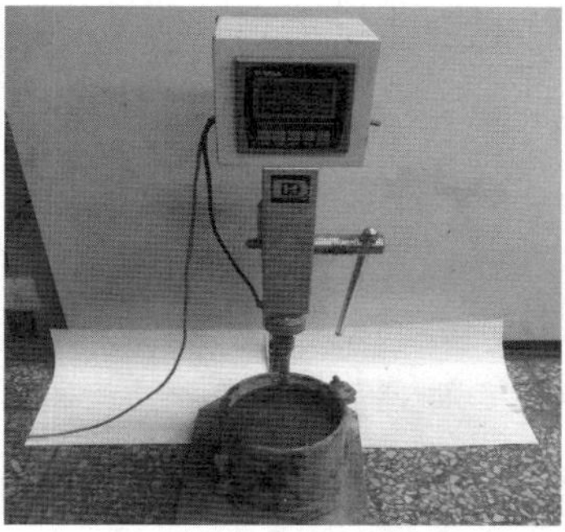

사진 2 프록터 관입시험기

사진 3 세티메터

따라서 필자 등은 손쉽게 물때를 잡는 기기를 고민하여 새롭게 고안하게 되었다. 즉 고무나 플라스틱의 표면을 시계 모양의 듀로미터(Durometer)로 눌러 주어 침의 관입저항치로 표면 딱딱함의 정도인 경도를 측정하는 것인데, 이것을 콘크리트의 응결시간 측정에 이용하는 것이다. 즉 듀류미터를 콘크리트 응결시간 측정에 적당하도록 침을 바꿔서 세티메터(Setimeter : Setting time meter의 신조어)를 새롭게 고안하게 되었다.

이 기기는 무게가 0.13 kg 정도로 가벼워 주머니에 휴대가 가능하고, 타설된 콘크리트 표면 상태에서 사진 3과 같이 직접 측정한 후 그림 2을 참조하면 간단히 구할 수 있다. 즉 세티메터 측정치로 45 전후이면 초결, 80 전후이면 종결로 간단하게 물때를 잡을 수 있게 되는 것이다.

아무쪼록 전 세계적으로 물 때 잡는데에는 필자가 개발한 이 방법이 널리 쓰여지길 기대해 본다.

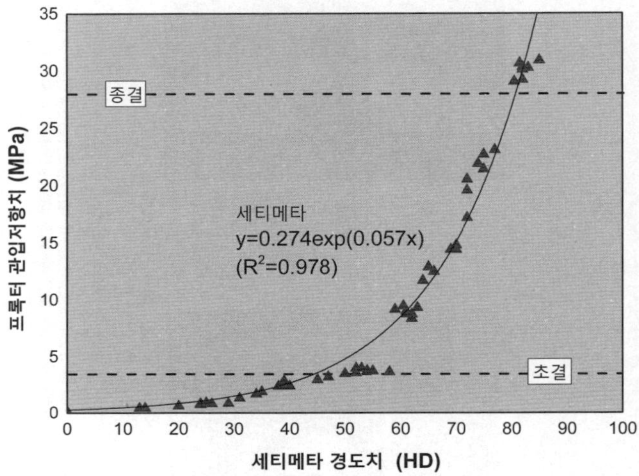


그림 2 프록터 및 세티메터

# 8 콘크리트의 최소 피복두께

## 8.1 서언

일반적으로 콘크리트로 된 구조물은 압축강도가 큰 반면 인장강도가 압축강도에 비하여 1/8~1/13 정도로 매우 작은 것이 문제점이다. 따라서 이와 같은 문제점을 해결하기 위하여 압축력이 작용하는 곳에는 콘크리트, 인장력이 작용하는 곳에는 철근을 배치하여 콘크리트와 철근이 효율적으로 외력을 부담하도록 하는 구조가 철근콘크리트(RC: Reinforced concrete)구조이다. 그런데 이 경우 응력 및 내구성적인 측면에서 콘크리트 중 철근의 위치는 매우 중요시되는데, 이 단원에서는 철근표면에 콘크리트가 일정한 두께만큼 덮어주도록 하는 최소 피복두께에 대하여 기술해보도록 한다.

## 8.2 피복두께의 정의 및 피복두께를 확보해야 하는 이유

철근의 위치 문제와 관련하여, 중심축에 직접 인장력이 작용하는 경우는 철근을 중심에 배치해도 문제가 없어 예외가 되겠지만, 휨 및 비틀림 등을 받는 경우는 반드시 철근이 부재의 가장자리에 배치되어져야 한다. 그렇다면 완전히 가장자리가 되게 하면 어떻게 될까? 이 경우는 여러 가지 문제점이 발생한다. 즉, 철근을 감싸줄 콘크리트가 없게 되면 콘크리트가 철근을 잡아주는 부착력이 작게 된다. 따라서 이와 같은 부착력을 확보하기 위하여 철근 두께의 1.5배 이상은 덮어져야 한다. 그림 1과 같이 일정한 두께만큼 콘크리트가 덮어지도록 하는 것을 피복두께라 한다.

또한, 중성화 관점에서는 철근에 콘크리트가 덮어져 있지 않으면 철근까지 중성화가 진행된 것과 같이 되어 수명은 " 0 "이 된다. 따라서 일정 두께만큼을 덮어주어 철근주위를 알칼리 상태로 만듦으로써 철근이 녹스는 것을 막아 주어야만 한다.

마지막으로 만약 철근콘크리트 구조물에 화재가 발생한다고 가정하면 피복되어 있지 않은 철근은 급속도로 온도가 상승하여 철근의 온도가 500℃ 를 넘게 됨으로써 급격한 내력저하로 건설물이 붕괴될 수도 있다. 결국, 철근콘크리트조 건설물에 이용되는 철근은 상기의 부착력확보, 중성화의 내구성 및 화재에 안전하기 위하여 일정한 두께 이상의 피복을 확보해야만 하는 것이다.

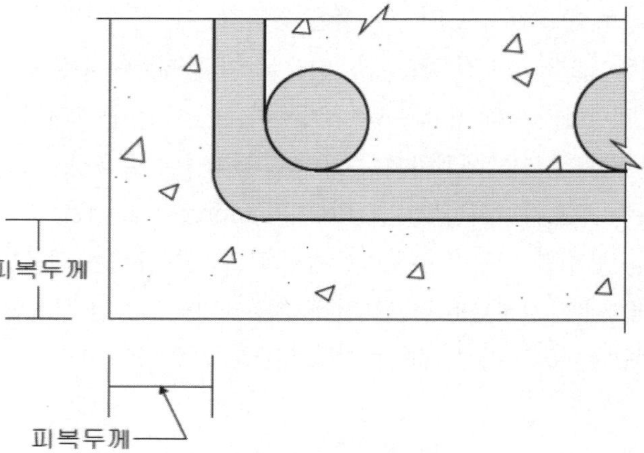


그림 1 콘크리트의 피복두께

## 8.3 최소피복두께에 관한 규정

철근콘크리트 구조물에서 종전의 경우 철근의 최소 피복두께는 콘크리트 표준시방서 및 콘크리트 구조설계기준에 각각 규정되어 있었는데, 2016년 통합된 국가건설기준의 경우 콘크리트 표준시방서는 생략되어 없어졌고, 설계기준 중 구조설계기준에서 콘크리트 구조설계인 KDS 14 20 50(콘크리트구조 중 철근상세 설계기준)에 다음 표 1과 같이 규정되어 있다.

우리가 이용하는 콘크리트 구조물은 대부분 철근을 이용하는 철근콘크리트 구조물인데, 콘크리트 단면 중에 정확한 위치에 철근을 배치하여야 한다. 즉, 휨을 받는 부재의 경우 중앙에 철근이 존재한다면 전혀 역할을 하지 못하고, 지나치게 표면에 위치하면 부착력, 중성화 내구성, 내화 목적상 문제가 될 수 있다. 따라서, 스페이서(Spacer : 철근의 피복두께를 유지토록 하는 끼움재)를 이용하여 최소피복두께가 유지되는 정확한 위치에 철근이 놓이도록 신중을 기하여야만 한다.

표 1 KCS 14 20 50의 규정

4.3 최소 피복두께

4.3.1 프리스트레스하지 않는 부재의 현장치기 콘크리트

프리스트레스하지 않는 부재의 현장치기 콘크리트의 최소피복두께는 다음 규정을 따라야 하며, 또한 4.3.6의 규정을 만족하여야 한다.

(1) 수중에서 치는 콘크리트(100 mm)
(2) 흙에 접하여 콘크리트를 친후 영구히 흙에 묻혀 있는 콘크리트(80 mm)
(3) 흙에 접하거나 옥외의 공기에 직접 노출되는 콘크리트
① D29 이상의 철근(60 mm)
② D25 이하의 철근(50 mm)
③ D16 이하의 철근, 지름 16 mm 이하의 철선(40 mm)
(4) 옥외의 공기나 흙에 직접 접하지 않는 콘크리트
① 슬래브, 벽체, 장선
가. D35 초과하는 철근(40 mm)
나. D35 이하인 철근(20 mm)
② 보, 기둥(40 mm)
콘크리트의 설계기준 압축강도 $f_{ck}$가 40 MPa 이상인 경우 규정된 값에서 10 mm 저감시킬 수 있다.
③ 쉘, 절판부재(20 mm)

4.3.2 프리스트레스하는 부재의 현장치기 콘크리트

프리스트레스하는 부재의 현장치기 콘크리트의 최소 피복 두께는 다음 규정을 따라야 하며, 또한 4.3.6의 규정을 만족하여야 한다.

(1) 흙에 접하여 콘크리트를 친 후 영구히 흙에 묻혀 있는 콘크리트(80 mm)
(2) 흙에 접하거나 옥외의 공기에 직접 노출되는 콘크리트
① 벽체, 슬래브, 장선구조(30 mm)
② 기타 부재(40 mm)
(3) 옥외의 공기나 흙에 직접 접하지 않는 콘크리트
① 슬래브, 벽체, 장선(20 mm)
② 보, 기둥
가. 주철근(40 mm)
나. 띠철근, 스터럽, 나선철근(30 mm)
③ 쉘, 절판부재
가. D19 이상의 철근 (철근, 철선 또는 프리스트레싱 강연선의 공칭지름 mm)
나. D16 이하의 철근, 지름 16 mm 이하의 철선(10mm)

(4) 흙 및 옥외의 공기에 노출되거나 부식환경에 노출된 프리스트레스 콘크리트 부재로서 KDS 14 20 60 (4.1.2(3))에 정의된 부분균열등급 또는 완전균열등급의 경우에는 최소 피복두께를 50 % 이상 증가시켜야 한다. 다만, 설계하중에 대한 프리스트레스트 인장영역이 지속하중을 받을 때 압축응력 상태인 경우에는 최소 피복두께를 증가시키지 않아도 된다.

(5) 공장제품 생산조건과 동일한 조건으로 제작된 프리스트레스하는 콘크리트 부재에서 프리스트레스 되지 않은 철근의 최소 피복두께는 4.3.3에 따라야 한다

4.3.3 프리캐스트 콘크리트

(생략)

4.3.4 다발철근

(생략)

4.3.5 확대머리 전단 스터드

(생략)

4.3.6 특수환경에 노출되는 콘크리트

(1) 콘크리트가 다음과 같은 조건에 있는 경우에는 피복두께를 4.3.6(2)에 따라 증가시켜야 한다.

① 고내구성이 요구되는 구조체의 경우

② 해안에서 250 m 이내에 위치하는 구조체로서 추가의 표면처리 공사를 수행하지 않고 직접 외부에 노출되어 염해를 받는 경우

③ 유수 등에 의한 심한 침식 또는 화학작용을 받는 경우

(2) 4.3.6(1)에서 규정한 경우에는 다음 값 이상의 피복두께를 확보하여야 한다.

① 현장치기 콘크리트

가. D16 이하의 철근을 사용한 벽체, 슬래브(50 mm)

나. 가. 외의 부재(80 mm)

② 프리캐스트 콘크리트

가. 벽체, 슬래브(40 mm)

나. 기타 부재(50 mm)

③ KDS 14 20 60 (4.1.2(3))에 정의된 부분균열등급 또는 완전균열등급의 프리스트레스트 콘크리트 부재는 최소 피복두께를 4.3.2에서 규정된 최소 피복두께의 50 % 이상 증가시켜야 한다. 다만, 프리스트레스 된 인장영역이 지속하중을 받을 때 압축응력을 유지하고 있는 경우에는 최소 피복두께를 증가시키지 않아도 된다.

(3) 내화를 필요로하는 구조물의 피복두께는 화열의 온도, 지속시간, 사용골재의 성질 등을 고려하여 정하여야 하며, 4.3에 규정된 최소 피복두께보다 더 큰 값이 요구될 때에는 동등한 내화성능의 재료나 피복 재료를 사용하거나 피복두께의 값을 증가시켜야 한다.

(4) 증축 또는 확장을 위해 노출된 철근 또는 매입 철물은 부식이 되지 않도록 조치하여야 한다.

# 9 콘크리트의 줄눈(Joint) (Ⅰ)

## 9.1 서언

콘크리트 구조물은, 소규모인 경우는 예외일 수 있겠지만, 한 번에 타설하여 구조체를 완성할 수 없으므로 수많은 시공성 줄눈(Joint)으로 이루어진다. 또한, 콘크리트구조물은 기온의 변화, 지진 및 바람, 건조수축, 지반침하, 하중변화 등에 의해 균열이 발생할 수 있으므로 기능성 혹은 특수 줄눈을 설치하여 움직임에 대응하도록 해주어야 한다.

따라서, 콘크리트 줄눈은 표 1과 같이 시공성 줄눈, 기능성줄눈 및 특수줄눈으로 나뉘는데, 이 단원에서는 시공성줄눈에 대하여 정의 및 고려사항에 대하여 기술하고, 다음 단원에서는 기능성 줄눈 및 특수줄눈에 관하여 기술하도록 한다.

표 1 콘크리트 줄눈의 분류

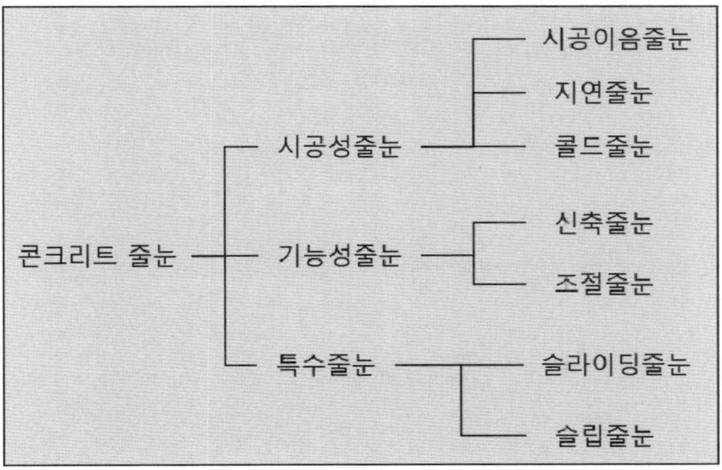

## 9.2 시공성 줄눈

### (1) 시공이음 줄눈(Construction Joint)

콘크리트 시공상 필요에 의해서 콘크리트 타설을 중단하는 위치에 설치하는 이음 줄눈이다. 콘크리트는 한꺼번에 타설하는 것이 가장 이상적이지만 악천후, 기계고장, 거푸집의 전용, 콘크리트 1일 타설 능력 등에 의해 연속작업이 불가능한 경우 이어치기를 할 수밖에 없다. 이음에는 철근을 외부로 연장해 두고, 콘크리트면에 직각으로 끊고, 이음면에 그림 1과 같은 홈을파서 물림으로써 부착력 및 전단력을 향상시킨다. 콘크리트 이음 면은 구조 및 강도상 취약 부위가 되고, 누수 및 균열의 원인이 되므로 될 수 있는 한 일체화되게 하는 것이 기본 원칙이다.

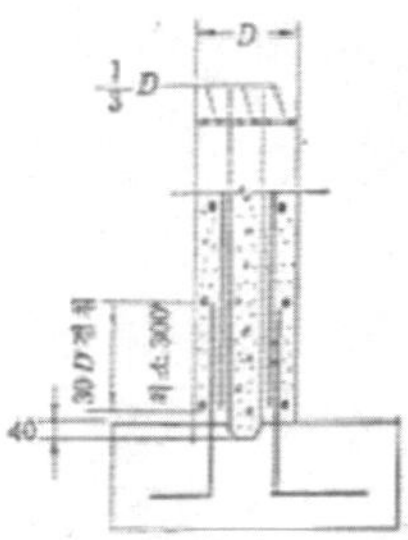


1) 기초와 벽

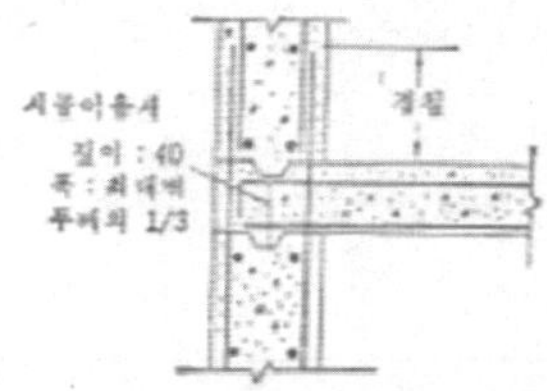

2) 벽과 바닥

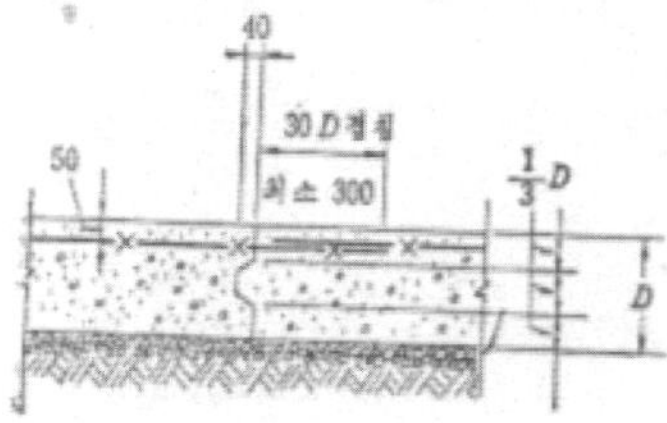


3) 지반 지지바닥

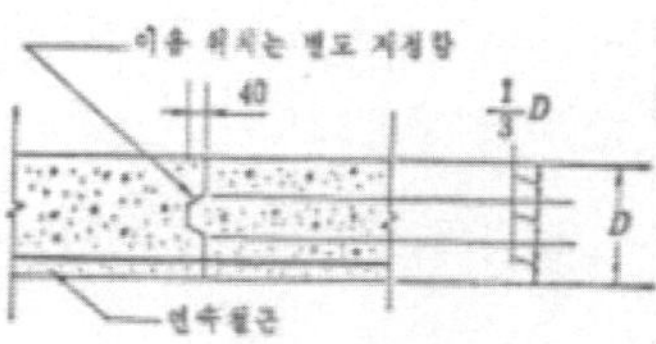


4) 바닥판 및 보

그림 1 각종 시공이음 줄눈

### 1) 시공이음 줄눈의 설치 위치

시공이음은 전단력이 작은 위치에 설치하고 압축력이 작용하는 방향과 직각 되게 해야 하지만, 콘크리트 타설량, 철근배근 상황 등을 고려하여 결정하게 된다.

① 슬래브나 보의 시공이음은 스팬(Span)의 중앙 부근에 둔다. 단, 큰 보의 중앙에 작은 보가 위치한 경우는 그림 2와 같이 작은 보 너비의 2배가량 이격된 곳에 이음을 둔다. 그리고 이곳은 전단력이 크므로 그림 2와 같이 45°방향의 사인장 철근으로 이음새를 보강하도록 한다.

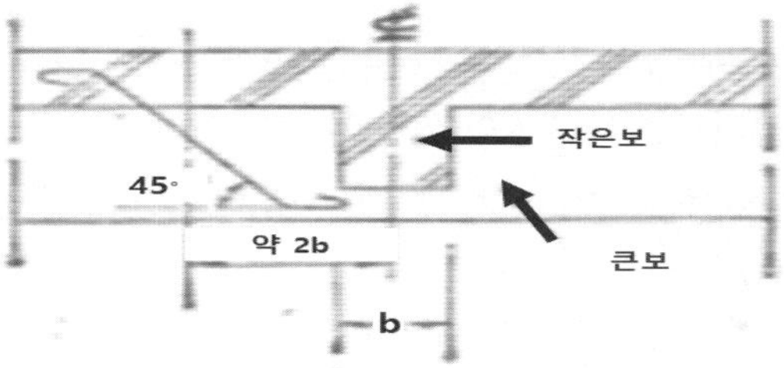


그림 2 큰 보 시공 이음새의 보강

② 기둥·벽의 시공이음은 바닥 판(슬래브, 보)과의 경계에 둔다.

③ 전단력이 큰 위치에 부득이하게 설치해야 할 때는 요철, 홈을 파내거나 철근으로 보강한다.

### 2) 시공줄눈 설치 시 유의사항

① 이미 타설된 콘크리트 표면은 레이턴스나 이물질을 완전히 제거하여 새로 타설하는 콘크리트와 일체가 되도록 한다.

② 시공이음 부위는 콘크리트 경화가 시작될 때 표면을 거칠게 만든 후 습윤양생한다.

③ 시공이음 부위는 밀실하게 막아 콘크리트가 흘러내리지 않게 한다.

④ 지하 부위에는 그림 3과 같이 지수판을 설치하여 누수를 방지한다.

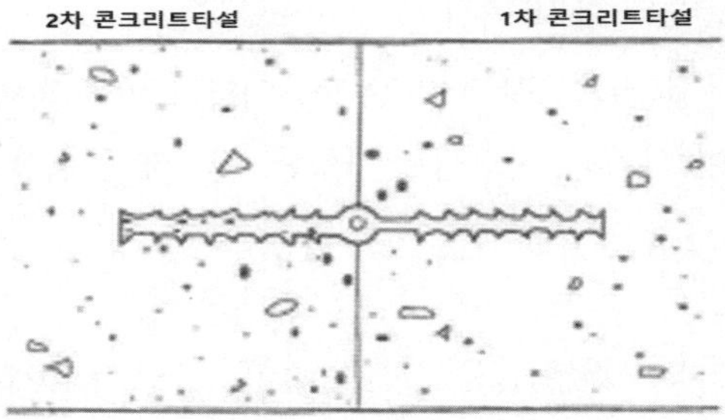


그림 3 지수판

(2) 지연줄눈(Delay joint, Shrinkage strip)

공사 중에 한시적으로 설치하는 줄눈으로서 구조물 일부분을 일정 폭으로 남겨 두고 인접 부위의 콘크리트를 먼저 타설한 다음 후속 공사로 일체화시킨다. 콘크리트는 타설 4주 경과 후 전체 수축량의 약 50 % 정도 건조수축이 일어나는데, 이로 인한 균열을 방지하기 위함이다.

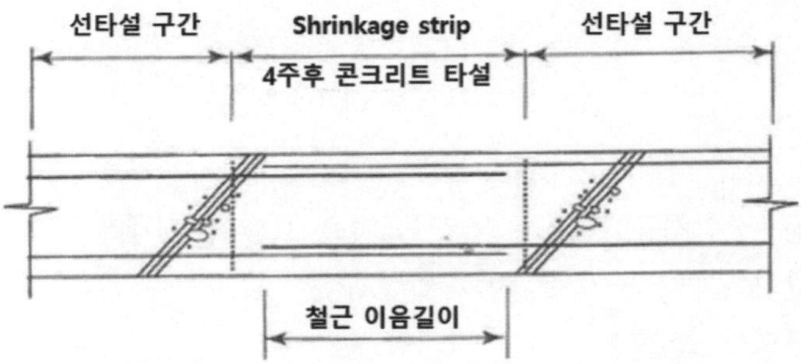


그림 4 지연줄눈(단면)

1) 지연줄눈의 특징

① 면적이 넓은 구조물에 유리하며, 신축줄눈과 같은 2중 기둥은 필요 없다.

② 구조체 일부가 후속 공정이 되므로, 거푸집 존치 기간이 길어질 수 있다.

③ 한시적인 조인트이므로 특수한 방수마감은 필요 없다.

2) 지연줄눈의 설치 위치 및 유의사항

① 지연줄눈 부분의 콘크리트 타설은 인접 콘크리트를 타설하고 4주 후에 실시한다.

② 지연줄눈의 폭은 600~900 mm 정도이며, 간격은 30~50 m 정도로 한다.

③ 줄눈의 설치 위치는 시공줄눈과 같이 전단력이 작은 곳에 둔다.

④ 줄눈의 폭이 600 mm일 경우는 보통 콘크리트를 사용하지만, 폭이 더 넓을 경우에는 무수축 콘크리트를 사용한다.

### (3) 콜드 줄눈(Cold joint)

응결하기 시작한 콘크리트에 새로운 콘크리트를 이어치면 콘크리트의 일체화가 곤란하게 된다. 즉, 전 층 콘크리트의 응결이 어느 정도 진행되어 있을 경우 충분한 다짐 없이 새로운 콘크리트를 부어 넣게 되면 사진 1과 같은 콜드 조인트(콜드줄눈)라는 시공불량의 이음부가 발생한다. 콜드 조인트는 타설 시간차가 발생하는 이음부를 시공할 때에는 바이브레이터(진동기)를 전층까지 꽂아 주의 깊게 다지면 어느 정도 방지할 수 있으나, 그 시간의 한도는 여름철의 경우 2시간, 겨울철의 경우 4시간 정도이다. 시간의 판정에는 프록터 관입시험기로 초결까지의 시간이 지표가 된다. 결국, 이러한 사실로부터 프록터 관입시험의 초결인 3.5 MPa를 진동한계(Vibration limit)라고 한다.

콜드 조인트를 방지하고 타설·다짐을 응결시간 내에 종료하기 위해서는 시공공정에 대한 충분한 계획과 필요에 따라 응결지연제의 사용을 검토해야 한다.

사진 1 콜드 조인트

출처 : 한국패시브 건축협회

사진 2 콜드 조인트

출처 : https://blog.kakaocdn.net/dn/Btzl8/btqEIWLgdSd/naChUUAvBKXuHzhBSF0NNK/img.jpg

# 10 콘크리트의 줄눈(Joint) (Ⅱ)

## 10.1 서언

콘크리트의 줄눈 중 이전 단원에서는 가급적 일체화되도록 하는 시공성 줄눈에 대하여 기술하였다. 이 단원에서는 전 단원의 연속으로 움직임을 고려해야만 하는 기능성 줄눈 및 특수줄눈에 대하여 기술한다.

## 10.2 기능성 줄눈

### (1) 신축줄눈(Expansion joint, Isolation joint)

온도변화에 따른 구조체의 팽창·수축을 흡수하고, 콘크리트의 건조수축, 부동침하, 적재하중 및 이동하중에 의한 변위차이 및 처짐에 의한 균열발생을 방지하기 위한 영구줄눈이다. 하나의 건물을 2개 이상의 매스(Mass)로 분리 시공할 때 설치하는 줄눈으로 설계단계에서부터 계획한다.

신축줄눈을 설치하는 위치는 그림 1 및 다음 ①~⑥과 같다.

① 기존건물과 증축건물의 접합부

② 저층의 긴 건물이 고층 건물과의 접촉부

③ 건물의 한끝에 달린 날개형 건물

④ 50~60 m가 넘는 긴 건물

⑤ 두 고층 사이에 있는 긴 저층 건물

⑥ 평면이 ㄴ·ㄷ·T형의 교차 부분

신축이음새의 구조는 그림 2와 같이 겹침기둥 형식, 까치발 형식, 내민보 형식이 있고, 줄눈위치의 상세는 그림 3과 같다.

또한, 신축줄눈을 설치할 때에는 다음과 같은 주의사항이 필요하다.

① 줄눈위치의 마무리가 제대로 되지 않으면 누수가 발생한다.

② 신축줄눈은 기초의 부동침하, 진동, 기타 구조물의 형태 등을 고려하여 위치 및 구조를 정해야 하지만, 표준을 정하기는 어렵다.

③ 고층부와 저층부가 만나는 위치에 신축·팽창 줄눈을 설치할 경우에는 지진하중을 고려하여 두 건축물의 충돌을 피하기 위해 200 ~ 500 mm 정도 띄어야 한다.

④ 신축줄눈에는 아스팔트, 실링제 등 신축성 재료를 이용하고 변형이 잘 안 되는 재료는 피한다.

### (2) 조절줄눈(Control joint)

조절줄눈은 콘크리트 경화 시 수축에 의한 균열을 방지하고, 슬래브에서 발생하는 수평 움직임을 조절하기 위하여 설치한다. 조절줄눈은 그림 4와 같이 길고, 넓은 슬래브와 벽, 외기에 접하는 부분 등 균열이 예상되는 위치에 일정한 간격으로 홈 혹은 줄눈을 인위적으로 만들어 다른 부분의 균열 발생을 억제하는 방법이다. 조절줄눈은 4 ~ 6 m 간격, 6 ~ 10 mm의 폭으로 설치하며 톱줄눈의 경우 홈 깊이는 두께의 1/4~1/5 정도로 한다.

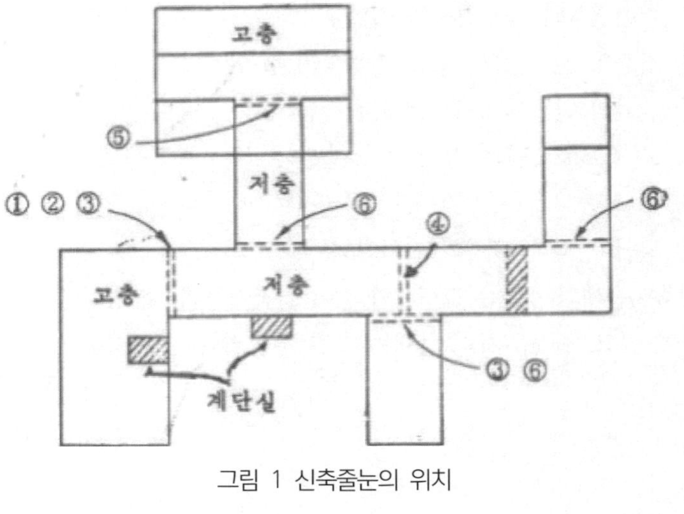


그림 1 신축줄눈의 위치

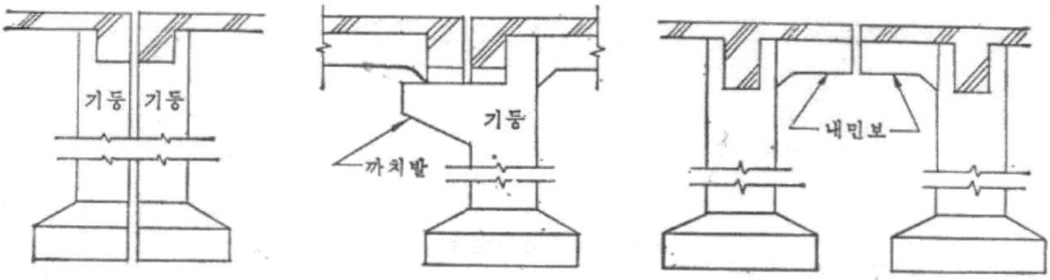


(a) 겹침기둥형식 (b) 까치발형식 (c) 내민보형식

그림 2 신축이음재의 구조

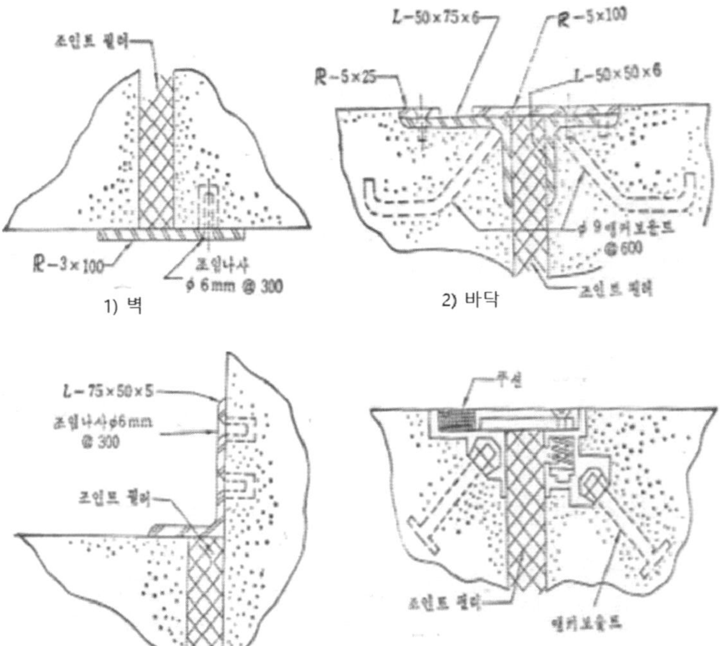


그림 3 각종 신축줄눈

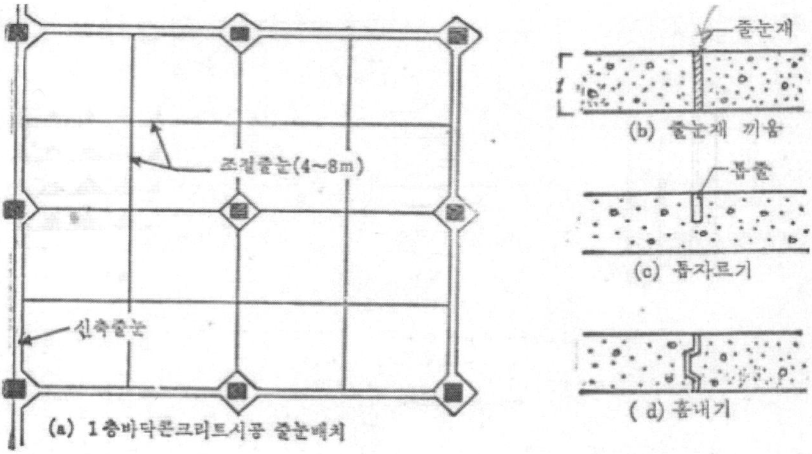


그림 4 바닥조절줄눈

## 10.3 특수줄눈

### (1) 슬라이딩 조인트(Sliding joint)

슬래브와 슬래브 간의 움직임이나 슬래브를 단순 지지로 하고자 그림 5와 같이 설치하는 줄눈으로 크리프(Creep), 건조수축, 온도 저하로 인한 콘크리트의 변형을 흡수한다.

### (2) 슬립 조인트(Slip joint)

조적벽과 철근콘크리트조 슬래브 사이에 자유로운 거동을 유도하여 균열을 방지하기 위한 목적으로 그림 6과 같이 설치하는 줄눈이다. 이질 부재가 맞닿는 면에 설치함으로써 서로 다른 부재는 열적·물리적인 부피 팽창량이 달라 부재 각각의 움직임이 다르게 되는데, 이로 인한 균열 발생을 방지하기 위함이다.

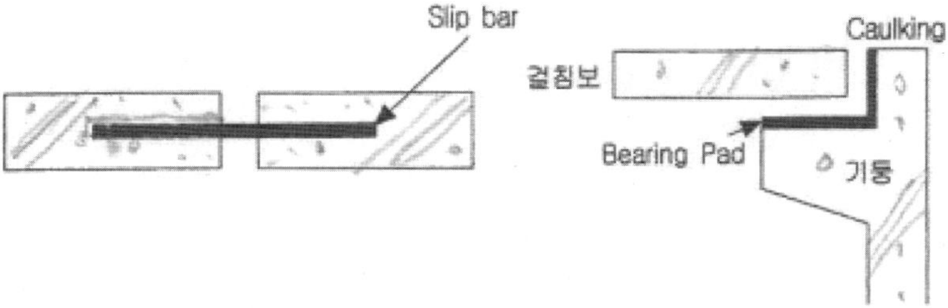


그림 5 슬라이딩 조인트

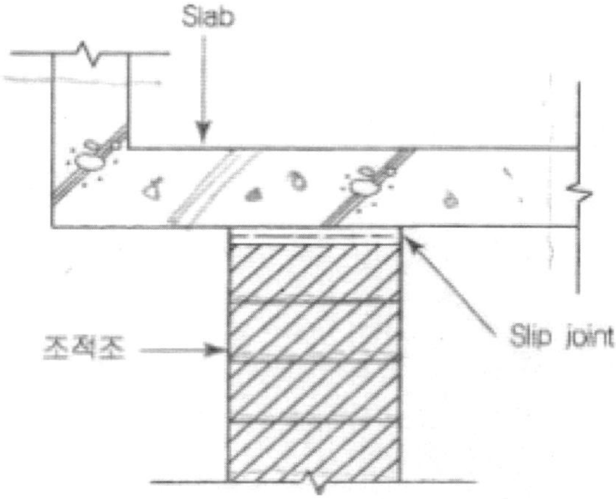


그림 6 슬립 조인트

# 11 외벽 마감 벽돌의 박락사고에 대한 소견

## 11.1 서언

지난 5월 21일 사진 1과 같이 국내 모 대학 미술관의 건물 외벽이 무너지면서 60대 환경미화원이 깔려 숨지는 사고가 발생하였다. 참으로 어처구니없는 일인데, 국내 언론 들은 부실진단을 탓하는 기사들만이 있을 뿐 외벽 마감 벽돌이 박락하게 된 응력 원인 및 대책 등에 대하여는 거의 언급이 없었다.

따라서 이 단원에서는 사고현황, 박락의 응력 원인 및 방지대책 등에 대하여 필자의 소견을 기술해 본다.

사진 1 외벽 마감 벽돌의 박락사고

출처 : 부산일보 이상배 기자

## 11.2 건물이력 및 사고현황

사고 발생 건물의 이력은 보도 자료에 의하면 1993년 준공(26년 경과)된 것으로, 사진을 보면 철근콘크리트(이하 RC) 라멘조 5층 건물에 스티로폼 단열재를 두고 외부장식을 점토소성벽돌로 0.5B(90 mm) 쌓기한 것이다. 사고는 당일 오후 2시 10분경 대상 건물 마구리면 지상 4층 및 5층의 벽돌쌓기한 부분이 지진, 바람 등 외부의 충격이 없었음에도 박락(떨어져 내림) 사고가 발생하였다.

언론보도에 의하면 해당건물은 6개월 전 안전점검 및 내진성능 평가를 받았는데 'B' 등급으로 큰 문제가 없게 평가되었음에, 부실진단이라는 보도가 주를 이루고 있다. 물론 국토부(시설안전공단)의 안전점검지침에는 외장재에 대한 항목은 없고 주요구조부재에 대한 점검뿐임에 그럴 수밖에 없었다는 변명도 기술되어져 있다.

반면 건설 관련 전문언론 보도에 의하면 박락의 원인을 겨울철 수축, 해빙기 팽창으로 모르타르의 접착성이 약해져 박락되었다는 지적이 있고, 또 다른 의견으로는 모체 구조체와 벽돌 간을 연결한 연결철물이 부식되어 박락(최근에는 스테인레스 재질인 타이브릭 시스템을 개발하여 활용)되었다는 의견도 있다. 따라서 이와 같은 문제를 해결하기 위하여 국토부 관계자는 국토교통과학기술 진흥원을 통해 비구조 요소의 내진성능 확보기술을 개발중에 있다고 보도하고 있다.

## 11.3 박락의 응력 원인

장식용 외부 벽돌이 박락한 것을 한마디로 언급하면 벽돌을 외부측으로 밀어 주는 힘이 작용했는데 연결철물이 잡아주지 못함으로써 박락이 일어난 것이다. 그러면 우선 어떤 응력이 벽돌을 밀어내게 했는지부터 고찰해 본다.

첫째로는 모체 구조체 RC와 마감재인 점토소성 벽돌 간의 건조 수축률 차이 및 열팽창계수(선팽창계수) 차이에 의한 것이다. 즉 철근 콘크리트 구조체는 건조수축이 큰데 비하여 점토 소성벽돌은 작음에 따라 그림 1과 같이 강한 RC구조에 구속되어 5층까지 높게 쌓여진 벽돌벽이 배가 나오는 것처럼 휘어지면서 밀려지는 응력이 작용하게 된다. 그런데 이와 같은 응력은 엎친데 덮친 격으로 여름철이 되면 내부구조는 에어컨 가동 등으로 낮은 온도인데 비하여 외부 벽돌은 햇볕으로 가열되어 열팽창을 크게 일으킴으로써 더욱 배부름을 가속화시키게 된다. 물론 밤낮의 온도차는 팽창과 수축을 반복하게 되고 이렇게 발생된 거동에 따라 발생된 균열부위로 물이 침투하면 연결철물의 부식을 가속화시킬 수 있어 연결철물 절단 및 뽑힘까지도 발생할 수 있다.

두 번째로는 벽돌 박락이 4, 5층에서 일어난 원인 응력은 RC건축물 슬래브의 열팽창 응력에 기인한 것이다. 즉, RC건축물 슬래브의 경우 외단열 구조로 설계 및 시공되는 것이 바람직한데, 우리나라 대부분의 경우는 슬래브 하부에 단열재를 두는 내부단열구조가 되어 문제시 된다. 이렇게 되면 일사가 강하게 내려쬐는 한낮의 경우 슬래브 콘크리트의 온도가 상승하게 되면서 열팽창을 일으키게 되는데, 이런 경우는 그림 2와 같이 위쪽을 옆으로 밀어주는 응력이 작용한다. 물론 이와 같은 거동은 밤·낮의 일교차에 의해 밀었다, 당겼다를 반복함으로써 피로가 누적되어 26년 경과된 시점에서 크리프 현상으로 박락 파괴를 일으킨 것이다.

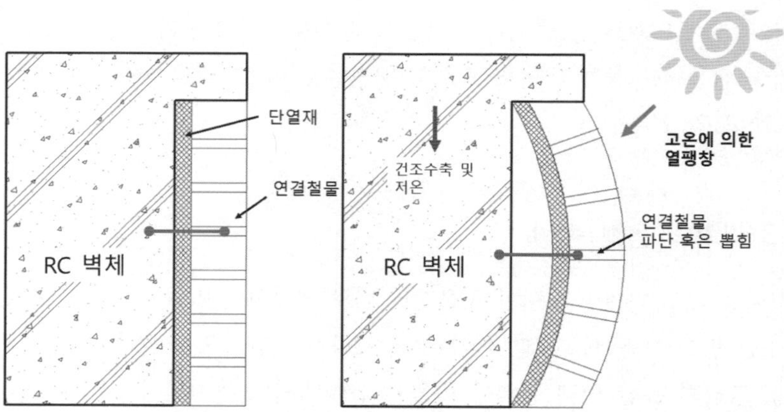


그림 1 콘크리트의 건조수축 및 열팽창

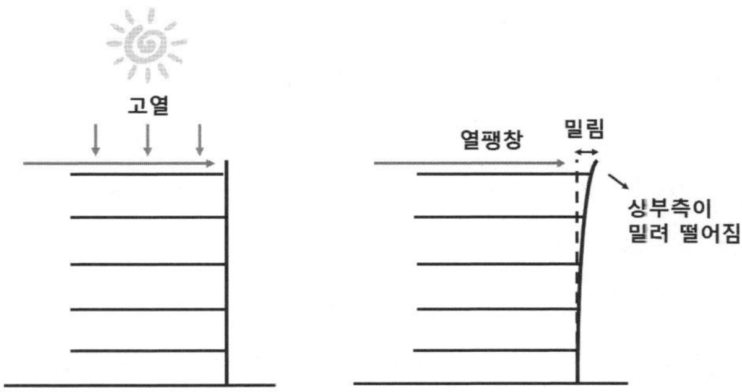


그림 2 옥상 슬래브의 열팽창

특히 언론보도에 의하면 건물 옆을 지나는 학생들이 위험해 보인다고 전했음에도 B등급이라는 판정에 안심하고 안전조치를 취하지 못했다는 것이 보도되고 있다. 참으로 안타까운 일이라 아니할 수 없다. 학생들이 위험해 보인다고 하는 것은 벽돌 벽면이 배가 나와 부풀어 있어 붕괴의 조짐이 발견된 것인데, 건설물 관리자는 이런 상황을 발견하게 되면 즉시 안전조치를 취하였어야 했는데 안일하게 대처한 것은 아쉽게만 느껴진다.

## 11.4 방지대책

벽돌 한 장의 경우는 튼튼해 보이지만 이것을 긴 벽에, 또한 5층과 같이 높게 쌓여지면 세장해져서 문제가 될 수 있다. 따라서, 붕괴사고를 일으킨 건물의 경우라면 매층 허리돌림으로 슬래브 콘크리트를 내밀어 벽돌 지지체를 마련하고 한 층 단위로 벽돌이 쌓여지게 하고 긴 벽도 중간에 조인트를 둠으로써 건조수축, 열팽창 등이 작은 단위로 거동되어지게 설계 및 시공되어야 한다. 그리고 점토소성벽돌 쌓기한 벽면의 최상부에는 구조체 RC와 이격하고, 그 부위는 백업재를 두고 코킹재로 처리하여 차후 발생하는 건조수축 및 열팽창 등 응력에 거동토록(움직이도록) 해 주어야 한다.

당연한 것이지만 구조체와 벽돌 간에는 녹이나지 않는 스테인레스제 연결철물로 가로·세로 단단히 고정시켜 줌으로써 태풍, 지진, 폭파 진동 등에도 벽돌벽이 구조체에서 떨어지지 않도록 고정해 주어야 한다.

결국, 건조수축 및 열응력을 무시하고 연결철물만으로 잡아주려고 한다면 큰 응력에 연결철물이 끊어지거나 뽑혀서 붕괴를 일으킬 수 있고, 연결철물 없이 건조수축 및 열응력에 순응토록 하면 일상생활 환경 속에서는 문제가 없겠지만 지진, 태풍 등과 같은 큰 외력에는 견딜 수 없게 된다. 따라서 하나의 문제만으로 외부 벽돌 박락은 해결하기 어렵고, 반드시 건조수축과 열응력에 대응토록 하면서 연결철물도 충실히 설계 및 시공 되어져야 지진과 같은 극한 상황에서도 벽돌벽이 박락되는 사고를 막을 수 있는 것이다.

## 11.5 잘못된 사례

금번의 사고와 관련하여 참으로 안타까운 것은 국립대학 등 많은 수의 건축물들이 금번 사고가 발생한 건축물과 유사하게 벽돌로 건물이 외장되어져 있다는 것이다. 그런데 이런 건물의 경우 벽돌 벽이 건조수축, 열응력 등에 의해 배가 나오게 되면 실력 없는 비전문가들은 벽돌벽 내부공간에 공기팽창이 일어나 그렇게 된 것이라고 벽면 하부 또는 상부에 공기를 빼주는 구멍을 설치하는 것을 보게 되는데, 이는 전혀 효과가 없는 멍청한 처사임을 이해해주길 바란다.

# 12 2 %가 부족하다?

## 12.1 서언

스포츠 건강음료의 선전에서 운동 후 내 몸에 필요한 물 2 %가 부족할 때라고 하며 「2 %」라는 음료가 시판되고 있다. 이 단원에서는 음료수를 선전하기 위한 목적은 아니고, 건설과 관련하여 조금만 더 고려할 필요가 있는 사항에 대하여 특히 전 단원의 「외벽마감벽돌의 박락사고에 대한 소견」의 연속으로 건조수축, 선팽창계수 및 침하 등의 고려에 대하여 추가 기술해 본다.

## 12.2 건조수축 및 선팽창계수의 고려

우리가 인생을 살다보면 외국에 나가는 해외여행을 할 경우가 있다. 그 중에서도 우리나라보다 GNP가 적은 나라를 여행하게 되면 「아! 뭔가 2 %가 부족하다.」라는 생각이 들 때가 있다. 디자인면이며 구조, 설비면에서 "여기 무엇인가 더 있었으면 좋을텐데"라고 하는 것이다. 반면에 우리보다 GNP가 많은 나라를 여행하게 되면 작은 공간임에도 불구하고 짜임새가 있고, 이런 것까지도 고려하는구나 하는 생각이 들 때가 있다.

일례로 지난 7월 10일~12일은 일본 북해도의 삿보로 컨벤션센터에서 일본 콘크리트 공학회(JCI) 년차 대회가 열려 학회 발표장 참석 및 주변지역을 돌아본 바 있다. 특히 지난번 호의 외장용 벽돌 붕괴와 관련하여 건조수축 및 선팽창의 고려로서 그림 1을 고려하도록 제안한 바 있는데, 마침 일본의 아파트에서 사진 1과같이 그러한 점을 고려한 것을 발견하였다. 마치 우리의 경우에서 2 %가 부족한 부분을 채워주는 것이 아닌가 싶어 사진을 게재해 본다.

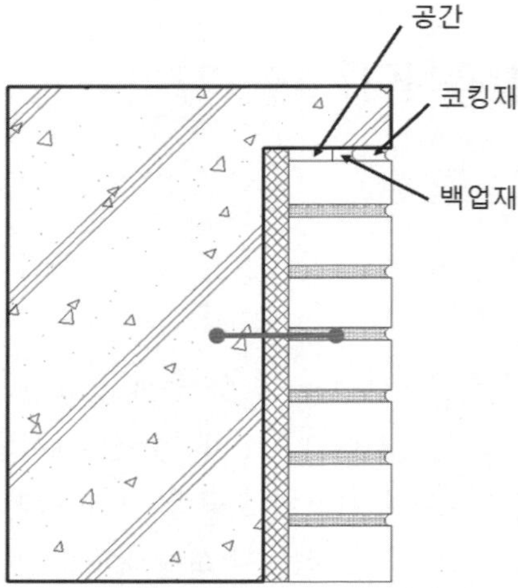


그림 1 벽돌 조적 상부구조

(외벽 마감의 상하좌우에 신축줄눈이 시공되어 있다.)

사진 1 일본 북해도의 한 아파트 모습

## 12.3 침하 등의 고려

건조수축이며 선팽창계수의 고려가 자연의 섭리인 것처럼, 지반의 경우는 침하라는 것도 생각해야 한다. 따라서 도로시설물의 경우 지반의 침하를 고려하여 설계 및 시공한 경우는 문제가 없겠지만, 그렇지 않은 경우는 그에 상응하는 문제가 유발되기 마련이다.

사진 2는 JCI 기간 중 나카지마 공원 근방에서 내가 묵었던 호텔의 전경이다. 아침 운동 겸 산책으로 거리를 돌아보았는데, 사진 3과 같이 잘 정돈된 모습이 인상적이었고, 특히 보도와 차도를 구분하는 보차도 경계블록에 관심이 꽂혀서 유심히 관찰하게 되었다. 전반적으로는 우리나라의 보차도 경계블록과 별반 차이가 없었다. 물론 일본의 경우가 우리보다 잘 정돈된 곳도 있지만 오랜기간 동해를 받아 사진 4와 같이 열화된 곳, 눈이 쌓인 도로를 치우는 도중 그레이터 등 장비에 의해 사진 5와 같이 긁힌자국 등 여러 가지 피해를 발견할 수 있었다.

사진 2 나카지마 공원 근방의 한 호텔

사진 3 잘 정돈된 거리

그러나 우리나라 보차도 경계블록의 경우는 열팽창 및 수축의 문제도 있지만 지반침하에 의해 사진 6과 같이 경계석 모서리가 파괴되는 사례를 많이 볼 수 있다.

그러나 일본의 경계블록에서 특이한 점은 사진 7과 같이 길이 800 mm 블록 10~12개마다 완충재를 넣어 온도변화 및 침하에 의한 블록 파괴를 방지하는 장치를 넣어주고 있는 것이다. 우리보다 딱 2 % 앞서 있는 느낌이다. 우리가 진정한 건설 선진국이 되기 위하여는 이와 같이 미소한 차이인 2 %를 더 채워주는 노력을 한층 강화해야 하지 않을까 하는 생각이 든다.

사진 4 동해에 의해 열화된 블록

사진 5 그레이터 등 장비에 의해 긁힌 자국

사진 6 침하에 의한 경계석의 모서리파괴

사진 7 블록 줄눈에 완충재가 삽입된 모습

# III 특수 콘크리트

# 1 우중 콘크리트

## 1.1 서언

예전에는 일기예보가 잘 맞지 않아 「일기를 중계방송하는 것인가?」라고 비아냥대던 때도 있었다. 그러나, 최근에는 슈퍼컴퓨터 등을 활용하여 매우 정확하게 예보가 적중함으로써 건설공사에 효과적으로 활용하고 있다. 따라서 건설현장에서는 일기예보를 검토하여 콘크리트 타설 여부를 결정하는 것이 기본으로 되고 있다.

그러나 콘크리트 타설 중 예기치 않게 갑자기 비가 내리는 경우, 보슬비와 같이 소량이 내리므로 시공 담당자가 공기단축 등의 필요에 의해 타설을 강행하도록 하는 경우는 감리자 혹은 언론사 등에 의해 부실공사의 우려가 제기되어 문제시되는 사례가 있다. 그러므로 이 단원에서는 우중 콘크리트와 관련한 제반사항에 대하여 기술해 본다.

## 1.2 비의 종류 및 구분

일반적으로 비(雨)란 대기 중의 수증기가 지름 0.2 mm 이상의 물방울이 되어 떨어지는 것을 말하는데, 0.5 mm 이상의 강수를 비(Rain), 0.5 mm 이하의 강수를 이슬비(Drizzle)라 부른다, 비는 내리는 형태, 계절, 지역에 따라 여러 가지로 나눌 수 있다. 즉, 오랫동안 내렸다 그쳤다 하면서 계속되는 장마, 단시간에 많은 비가 내리는 호우(豪雨), 그것도 어느 곳에 집중될 경우는 집중호우라고 한다. 또한, 여름철 국지적으로 단시간에 굵은 빗물을 동반하는 소나기, 번개와 천둥을 동반하는 뇌우(雷雨), 세찬 바람을 동반하며 내리는 비를 폭풍우라 한다.

기타 재미있는 우리나라의 비의 종류로 안개보다 조금 굵고 이슬비보다 조금 가는 비를 「는개」, 먼지나 일지 않을 정도로 조금 오다 마는 비를 「먼지잼」,

별이 난 날 잠깐 뿌리는「여우비」, 한꺼번에 쏟아지는「모다기비」, 집중호우로 빗줄기가 발처럼 보이는「발비」, 굵직하고 거세게 퍼붓는「작달비」, 모내기할 무렵 내리는「목비」 등이 있다.

콘크리트 공사에 영향을 미치는 비의 강도로서는 단위 시간당 우량이나 하루 동안의 우량이 있는데, 1일 우량 5 mm 미만은 극히 약한 비, 5~20 mm 는 약한 비, 20~50 mm 는 보통 비, 50~80 mm 는 강한 비, 100 mm 이상은 특히 강한 비로 분류될 수 있다.

## 1.3 비가 콘크리트에 미치는 영향

기본적으로 비가 오는 경우 콘크리트 타설은 콘크리트의 품질, 작업원의 건강·안전사고 및 작업용 기기의 작동 등에 악영향을 미칠 수 있기 때문에 금지되어야 한다. 그러나 공정이 늦어졌다거나, 일기예보가 틀려 비가 오는 경우, 안개비 및 보슬비와 같이 영향이 크지 않은 경우 및 기타 특별한 상황인 경우에는 한중 콘크리트, 서중 콘크리트, 수중 콘크리트 등과 같은 개념으로 특별한 대책을 마련하고 우중 콘크리트를 시공하게 된다.

그렇다면 비가 오는 경우 콘크리트에는 어떤 영향이 미칠 수 있는가를 고찰하면 그림 1과 같다.

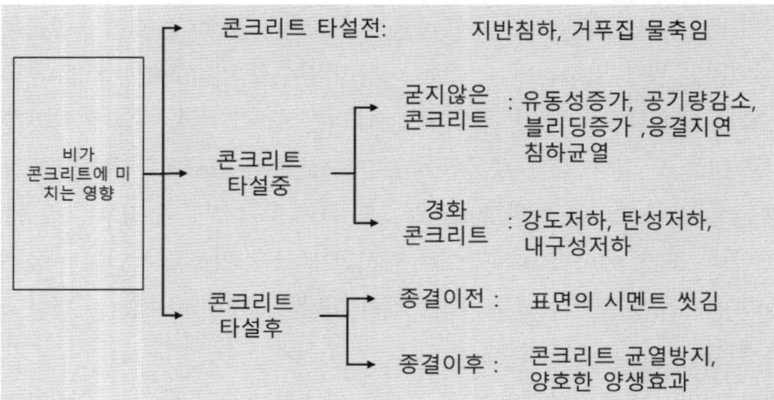


그림 1 강수가 콘크리트에 미치는 영향

## 1.4 강우에 따르는 대책

우중 콘크리트와 관련하여 콘크리트 표준시방서의 일반 콘크리트인 경우는 타설을 중단해야 하는 강우량에 관한 기준을 명확히 제시하고 있지 않다. 단, 2009년에 개정된 콘크리트 표준시방서 제23장 「댐 콘크리트」에서는 콘크리트의 경우 강우량이 4 mm/h 이상, 롤러 다짐용 콘크리트에서는 2 mm/h 이상에서는 타설을 중단해야 하는 것으로 제시하고 있었다.

또한, 현재 국가건설기준의 KCS 54 60 10 : 2018「롤러 다짐 콘크리트댐 콘크리트 타설 및 축조공」에서는 "댐 콘크리트의 품질에 악영향을 끼칠 것 같은 강우 시에는 댐 콘크리트의 타설을 실시해서는 안된다. 또한, 작업 중의 강우에 의해 어쩔 수 없이 타설을 중지하는 경우에는 타설이 중단된 단면은 수평타설 이음매에 준한 처리를 해야 한다"고 규정하고 있다. 또한, "강우 시에 댐 콘크리트를 타설할 경우, 강우가 혼입하여 물-결합재비를 변화시키거나 모르타르를 유출시키는 등 품질에 악영향을 미치기 때문에 강우가 심한 경우에는 타설을 피해야 한다"고 규정하고 있다. 이 외의 특수 콘크리트인 경우에도 강우에 대한 별도의 규정을 정하고 있지는 않는다.

그러면 시간당 4 mm 정도 내리는 강우의 경우가 콘크리트의 품질에 미치는 영향을 고찰해 본다. 즉, 레미콘의 운반 시간을 90분으로 가정하고, 에지테이터 트럭 콘크리트 투입구(0.97×0.87 m) 및 펌프카 콘크리트 투입호퍼(1.28×0.95 m)를 대략 1 $m^2$로 가정하면 (그림 2를 참조) 강우에 따른 물 첨가량은 ($\frac{4L \times 1.5h}{6m^3}$)으로서 결국 레미콘 1 $m^3$ 당 1 ℓ(1 kg)의 물이 첨가되는 결과이다. 이는 단위 시멘트 300 kg/$m^3$ 단위 수량 180 kg/$m^3$ 라고 가정하면 $w/c$ 60 %에 약 0.3 % 증가에 해당한다. 따라서 국내 모 연구기관의 연구결과에 따르면 소량의 강우는 품질에 큰 영향이 없으므로 6 mm/h 이하라면 별다른 문제가 없는 것으로 보고하고도 있다.

그러나 소량의 강우라도 품질에 영향이 전혀 없는 것은 아니므로 다음과 같은 여러 대책 중 상황에 맞는 것을 적절히 적용해 준다.

## 1.5 레미콘 제조

일기예보에 따라 강우의 정도를 고려하여 $w/c$를 낮게 하고, 슬럼프를 작게 하며, AE 공기량을 증가시키고, 필요에 따라 증점제 등을 혼입시켜 준다.

| 레미콘 | 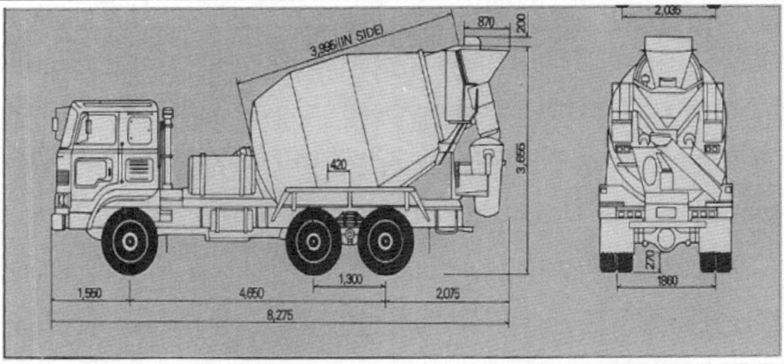 | |
|---|---|---|
| | 가로<br>970 mm | 세로<br>870 mm |
| 펌프카 |  |  |
| | 가로<br>1280 mm | 세로<br>950 mm |

그림 2 강우시 우수유입구의 크기

## 1.6 콘크리트 타설 중

콘크리트 타설 중 비가 올 경우는 빗물이 에지테이터 트럭 안이나 펌프카의 호퍼 안으로 들어가지 않도록 뚜껑이나 빗물 유입 방지장치를 설치하고, 콘크리트 타설 장소에는 천막, 양생상옥 등으로 비가림을 설치한다. 만약 갑자기 소나기 등의 집중호우가 발생하면 일시 타설을 중지하고 타설된 콘크리트 표면을 비닐 등 불투수성 재료로 즉시 덮도록 하여 시멘트 입자의 표면유실을 방지하고, 빗물이 고인 곳은 한곳으로 집수하여 배수하거나 스펀지 등으로 흡수시켜 제거한다. 또한, 소나기가 지나가고 나서 작업을 재개할 때에는 유실된 부분에 시멘트 페이스트 풀칠, 시멘트 뿌림 등으로 보강하고, 신·구 콘크리트 양부분에 걸쳐 바이브레이터로 잘 다져 콜드조인트가 발생하지 않도록 하면서 타설을 재개한다.

### 1.7 콘크리트 타설 완료 후

종결시간 이전의 강우로 콘크리트 타설이 완료된 면에 계속적으로 빗방울을 받게 되면 빗물에 의해 시멘트 페이스트 및 시멘트 입자가 유실되게 되어 표면이 모래만 남는 등 거칠게 된다. 따라서 이 경우는 위에서 언급한 불투수성 재료로 덮어주어야 한다. 만약 덮어주지 않아 표면에 씻김이 발생되어 있다면 씻긴 취약부분을 와이어 브러쉬, 고압 살수 등으로 제거하고 시멘트 페이스트 및 양질의 시멘트 모르타르로 보수해준다. 단, 종결시간 이후의 비는 오히려 수분 증발을 방지하여 콘크리트의 균열을 방지하고, 양생효과로 강도를 증진시키는 양호한 효과를 나타낸다.

## 2 콘크리트 구조물에서의 누수 및 방수

### 2.1 서언

오늘날 콘크리트와 관련한 건설산업에서 아파트, 학교 등과 같은 건축물뿐만 아니라 지하 공동구, 교량, 터널, 댐, 상하수도 등과 같은 사회기반 시설에 있어서도 방수와 관련한 물의 영향은 매우 크다. 따라서 이 단원에서는 콘크리트 구조물의 누수 원인을 고찰하고 방수공사에 대하여 개괄적으로 기술해 본다.

사진 1 콘크리트 구조물에서의 누수 모습

### 2.2 방수와 관련하여 고려해야 하는 물의 종류

고대 원시사회에서는 주거와 관련하여 하늘에서 내리는 강수(비, 눈 등) 대책만을 고려하면 되었을 것이다. 그러나 복잡다단해진 현대사회에서는 방수와 관련하여 강수뿐만 아니라 지하수, 생활용수 및 산업용수에 대하여도 충분히 고려하여야 하는데 물의 종류, 상태 및 영향 등에 대하여 정리하면 표 1과 같다.

## 2.3 콘크리트에서의 누수 원인

표 1 구조물 방수와 관련한 물의 종류

| 물의 종류 | 상태 | 비고 |
|---|---|---|
| 강수 | 비, 눈, 우박, 싸라기눈, 진눈깨비 등으로 그 상태는 물방울, 포말, 유동수, 체류수가 된다. | 폭풍우, 호우, 적설, 눈보라, 동결 등의 형태로 영향을 미침 |
| 지하수 | 강수(降水)가 지하에 침투한 것으로 그 상태는 체류수, 유동수가 된다. | 수위, 수압 및 함유성분물 등의 형태로 영향을 미침 |
| 생활 용수 | 음료수, 청소용수, 조리용수, 입욕수 등으로 그 상태는 체류수, 유동수가 된다. | 수량, 유동상태, 체류상태 등의 형태로 영향을 미침 |
| 산업 용수 | 세정용수, 냉각용수, 가공용수, 폐액 등으로 그 상태는 유동수, 체류수가 된다. | 수압, 수량, 함유성분물, 수질 등의 형태로 영향을 미침 |

일반적으로 밀실하게 타설된 양호한 콘크리트 구조물은 물이 통과하지 않는 것이 기본이다. 그러나 콘크리트 구조물에 결함이 있거나 그렇지 않은 경우라도 품질이 불량한 경우에는 물이 통과할 수 있는데, 비정상적인 경우와 정상적인 경우로 분류하여 누수를 고찰하면 다음과 같다.

### (1) 비정상적인 경우

#### 1) 균열

당연한 것이겠지만 콘크리트에 균열이 발생하면 균열부위로 누수가 발생한다. 특히 관통균열로서 균열의 폭이 클수록 누수량이 많아진다.

#### 2) 조인트

시공과정에서 발생하는 콜드 죠인트(Cold joint)나 이어치기 줄눈(Construction joint) 등으로 시공이 불량한 경우에는 누수의 우려가 있다. 따라서 이와 같은 부분에는 누수되지 않도록 특히 주의하여 시공할 필요가 있다. 단, 신축 줄눈의 경우는 일정한 간격을 가지고 움직이는 부위로서 반드시 누수가 일어나는 곳이므로 이곳은 시스템적으로 누수 문제를 해결해 주어야 한다.

3) 재료분리

재료분리란 콘크리트의 배합이 불균일하여 밀실하지 않고, 또한 시공 과정에서의 결함으로 재료의 구성 중 일부만이 모여있는 경우로서 소위 곰보(Honey comb)라고도 한다. 당연한 것이겠지만 재료분리된 불균일한 조직에서는 누수가 발생할 수밖에 없다.

4) 관통매설물 주위 및 기타

거푸집을 설치할 때에는 오므러지지 않고 간격이 유지되도록 간격재 (Separator)와 벌어지지 않도록 폼타이 (Form tie)를 설치한다. 또한, 콘크리트 벽면을 관통하는 파이프 및 콘크리트 내부에 묻히는 철근 및 파이프 등이 있는데, 이 부분들의 주위, 특히 하부에는 콘크리트 치밀도 면에서 약점이 되어 누수를 일으킬 수 있다.

(2) 정상적인 경우

콘크리트 면에 위에서 언급한 결함이 발생되지 않았더라도 단면이 얇거나 수압이 큰 경우는 콘크리트 조직을 거쳐 물이 통과할 수 있다. 즉, 콘크리트 중에는 여러 공극이 존재하는데 특히 시멘트와 물로 반죽된 시멘트 페이스트에서 물이 시멘트 수화반응에 소비되고 남는 물은 시멘트 입자 사이에 일부 남아있거나 마르면서 건조되어 날아감으로써 공극이 되는데, 이것을 모세관 공극(毛細管 孔隙 : Capillary pore)이라 한다. 이 공극의 크기는 누수와 밀접한 관련이 있다. 특히 시멘트가 충분히 수화반응을 일으키지 않은 경우, 물·시멘트비가 큰 경우, 굵은골재의 최대치수가 크거나, 잔골재의 조립률이 크며, 특히 균일입자성 입도분포를 가진 경우 및 동해, 염해, 화재피해 등 사용 환경 중에 내구성이 저하하여 조직이 치밀하지 않은 경우는 누수가 발생하기 쉽다.

## 2.4 누수가 구조물 및 생활에 미치는 영향

콘크리트에 누수가 발생하면 구조체 및 생활에 다양한 영향을 미친다. 이때 구조체에 미치는 영향은 표 2, 생활에 미치는 영향은 표 3과 같다.

표 2 누수가 구조체에 미치는 영향

| |
|---|
| ① 강도저하 |
| ② 목재문에서는 체적팽창의 영향으로 움직임이 나빠짐 |
| ③ 단열성의 저하 |
| ④ 부재의 중량증가 |
| ⑤ 콘크리트에서는 동결융해로 인한 내구성 저하 |
| ⑥ 강재(철근, 철골 등)의 부식으로 내하력이 감소 |

표 3 누수가 생활에 미치는 영향

| |
|---|
| ① 생활공간의 거주성 저하 |
| ② 도서, 장비·설비, 상품, 유물, 작품 등의 안전성과 가치하락 |
| ③ 전기 및 통신설비 훼손에 따른 생활기능의 마비 |
| ④ 지하공간 구조물에서의 중대한 안전성능 저하 |
| ⑤ 벽, 천장, 바닥 등의 마감재 오염 및 성능 저하 |
| ⑥ 구조체 및 생활용구의 내구성 저감, 경제성 가치 감소 |

## 2.5 방수공사

앞에서 언급한 바와 같이 건설물에 물이 접하는 경우에는 물이 새는 누수가 발생할 수 있다. 특히 누수인 경우는 어느 하자보다도 용서가 될 수 없고, 경우에 따라서는 2차, 3차의 피해가 전개되기 때문에 사전에 완벽한 대책을 마련하는 방수 설계 및 시공을 진행하여야 한다. 방수공사는 방수재료를 구조체의 표면에 붙이거나, 바르거나 하여 일정의 두께로 만들어진 방수층을 형성하는 행위로서 방수공사에 따라 방수를 구분하면 표 4와 같다.

기타 상세한 방수공사는 전문서적, 건축공사 표준시방서 및 KS 표준을 참조하기 바란다.

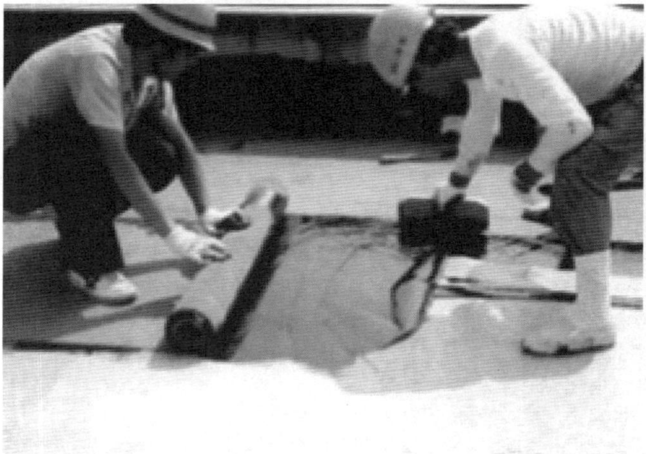

사진 2 건축물에서의 방수공사 모습

표 4 방수의 구분

| 구분 | 종류 |
|---|---|
| 멤브래인 방수 | 아스팔트방수. 합성고분자 시트방수. 도막방수 |
| 시멘트 모르타르 방수 | 무기질계. 유기질계. 혼합계. 폴리머 방수공사. 수화 응고제도포 |
| 규산질 침투성도포방수 | 규산염화합물. 규산불소화합물계. 시멘트 혼합계 |
| 금속판방수 | 스테인리스 시트방수, 동판, 납판 |
| 실링(방수)공사 | 실리콘계. 변성실리콘계. 폴리설파이드계.<br>아크릴우레탄계. 폴리우레탄계. 아크릴계 |
| 발수공사 | 실리콘계. 비실리콘계. 혼합계 |

# 3 수밀 콘크리트

## 3.1 서언

건설구조물에는 일시적이든 장기간이든 물에 접하게 되는 부위 및 구조물이 있다. 즉, 건축물의 지붕 슬래브와 같은 부위는 부재 두께가 얇고, 건습 및 온도변화 등의 영향을 받아 균열 발생이 용이하지만, 장기적으로 수밀성을 확보해야 하는 경우이고, 지하구조물, 수리구조물, 저수조, 수영장, 상하수도 시설, 터널 등은 장기간 큰 수압을 받는 조건에서 수밀성을 요구하는 구조물인 것이다.

따라서 이 단원에서는 콘크리트 공사에 있어서 높은 수밀성을 요구하는 그림 1과 같은 수밀 콘크리트에 대하여 표준시방서 내용을 중심으로 고찰해 본다.

## 3.2 재료 및 배합

수밀 콘크리트라고 하여 특별한 재료 및 배합방법이 있는 것은 아니다. 수밀 콘크리트에서 중요한 것은 대상 구조물에 대하여 설계내용을 충분히 검토하여 이전 단원에서 설명한 콘크리트에서 누수의 원인으로 제기된 균열, 조인트, 재료분리, 관통매설물 주위 등에 대하여 내부로부터 물의 유출이나, 외부로부터 물의 유입의 원인이 되는 결함이 생기지 않도록 하여야 한다. 참고적으로 균열폭에 따른 콘크리트의 누수량의 관계는 그림 2와 같다.

수밀 콘크리트의 사용재료는 일반 콘크리트에 이용하는 것을 기본으로 한다. 단, 수밀성 향상을 목적으로 균열을 방지하기 위하여 팽창제 수축 저감재 및 방수성능을 높이기 위한 방수제 등을 사용할 경우에는 그 효과를 확인하고 사용방법을 충분히 검토한 후 사용하여야만 한다. 참고적으로 콘크리트 혼입용 방수제의 종류는 그림 3과 같다.

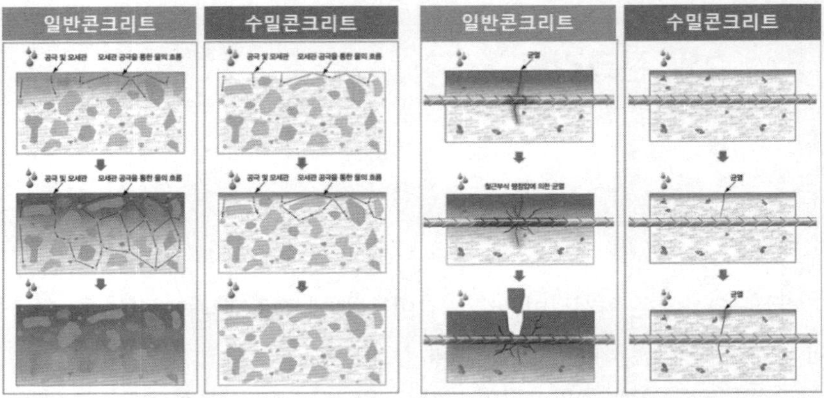


1) 콘크리트의 흡 · 투수 모식도　　2) 콘크리트 균열부 내구성 저하 모식도

그림 1 수밀 콘크리트의 개념

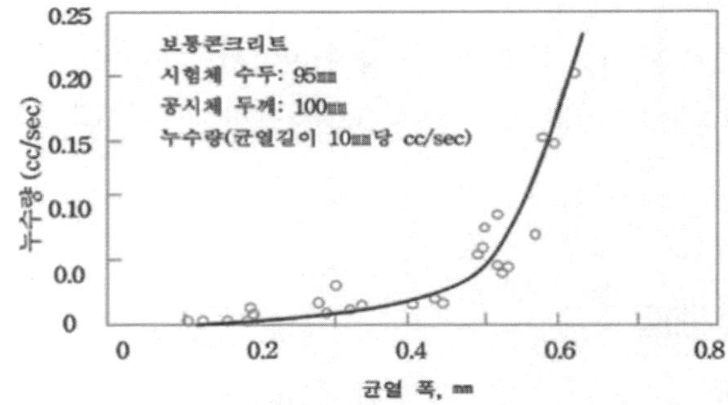


그림 2 균열폭에 따른 콘크리트의 누수량

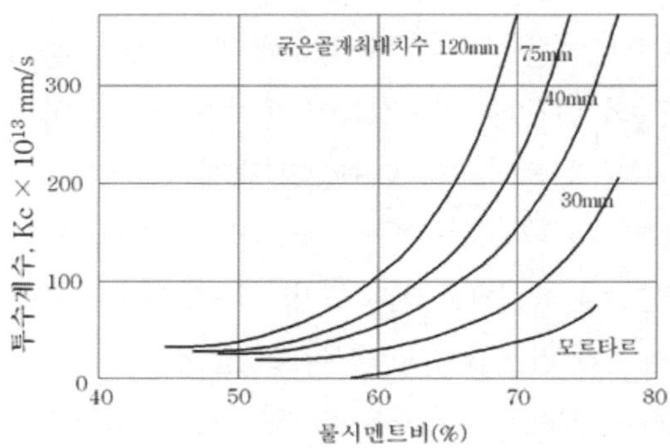


그림 3 물시멘트비 변화에 따른 콘크리트의 투수계수

배합의 경우도 콘크리트의 소요 품질이 얻어지도록 가능한 한 단위수량은 작게, 물결합재 비도 50 % 이하로 작게 하고, 단위 굵은골재량은 크게 하며, 목표 슬럼프는 180 mm 이하로 가능한 작게 하고, 공기량은 4 % 이하가 되도록 규정한다. 참고적으로 굵은골재 최대치수별 물시멘트비 변화에 따른 투수계수는 그림 4와 같다.

## 3.3 시공

수밀 콘크리트와 관련하여 콘크리트의 시공, 운반, 타설 및 양생에 관한 콘크리트 표준시방서의 시공 규정은 표 1과 같다.

표 1 KCS 14 20 30

3.1 시공일반

(1) 수밀 콘크리트의 시공과 관련하여 이 장에서 규정하지 않은 사항은 KCS 14 20 01, KCS 14 20 10의 규정에 따른다.

(2) 소요 품질을 갖는 수밀 콘크리트를 얻기 위해서는 적당한 간격으로 시공 이음을 두어야 하며, 그 이음부의 수밀성에 대하여 특히 주의하여야 한다.

(3) 콘크리트는 가능한 연속으로 타설하여 콜드조인트가 발생하지 않도록 하여야 한다.

(4) 수밀 콘크리트는 누수 원인이 되는 건조수축 균열의 발생이 없도록 시공하여야 하며, 0.1 mm 이상의 균열 발생이 예상되는 경우 누수를 방지하기 위한 방수를 검토하여야 한다.

(5) 2.1(3)의 수밀성 향상 위한 방수제를 사용하고자 할 때에는 방수제의 사용 방법에 따라 배치플랜트에서 충분히 혼합하여 현장으로 반입시키는 것을 원칙으로 한다. 단, 사용 방수제에 따라 콘크리트 타설 현장에서 혼합하는 경우에는 사전에 이에 대한 계획을 수립하여 책임기술자의 승인을 얻어 관리하여야 한다.

(6) 거푸집의 긴결재로 사용한 볼트, 강봉, 세퍼레이터 등의 아래쪽에는 블리딩 수가 고여서 콘크리트가 경화한 후 물의 통로를 만들어 누수를 일으킬 수 있으므로 누수에 대하여 나쁜 영향이 없는 재질 및 형태의 것을 사용하여야 한다.

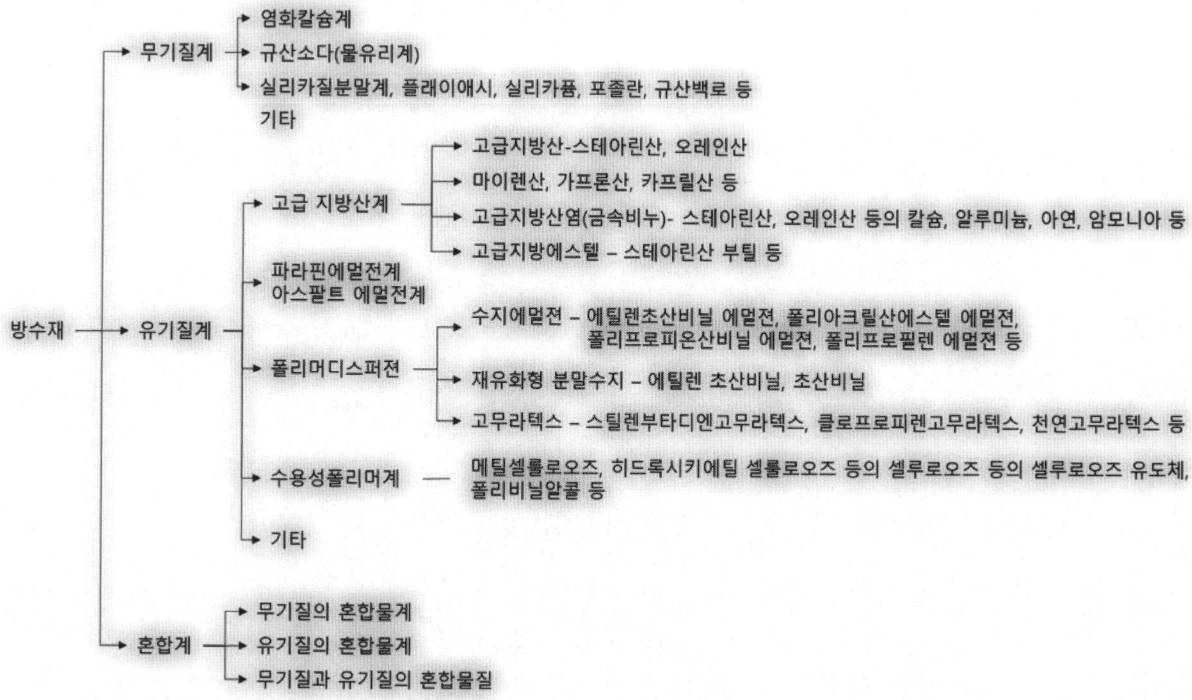


그림 3. 콘크리트의 혼입용 방수재의 종류

# 4 수중 콘크리트

## 4.1 서언

물과 연관한 콘크리트로서 이전 단원에서는 콘크리트 구조물에서의 누수 및 방수, 수밀 콘크리트에 대하여 소개하였다. 이 단원에서는 전 단원의 연속으로 물속에서의 콘크리트 특성, 수중 불분리 콘크리트의 요구성능 및 수중 콘크리트 타설 등과 연관한 수중 콘크리트에 대하여 소개해 보도록 한다.

## 4.2 물속에서의 콘크리트 특징

건축 구조물인 경우는 물이 많이 나고 배수가 불가능한 지하층 공사나 하천변의 기초공사와 같은 경우 및 현장 타설말뚝, 지하 연속벽에서는 수중 콘크리트를 이용하게 되고, 토목공사인 경우는 수중 교량의 교각 및 항만 공사 등에서는 폭넓게 이와 같은 수중 콘크리트가 이용된다.(사진 1참조)

그런데, 강이나 바다에 건설하고자 하는 신설 교량에 아무런 대책없이 물속에 콘크리트를 떨어트리는 방법으로 타설한다면 어떤 문제가 발생할까? 특히 흐르는 물일 경우라면 콘크리트가 씻겨져서 시멘트는 흙탕물처럼 되어 떠내려가고, 모래·자갈 등 골재만 남는 재료분리가 발생하여 제품의 균일성, 신뢰성이 저하하고, 특히, 다짐을 할 수도 없으니 강도 및 내구성이 저하하며, 철근과의 부착성도 크게 저하한다.

특히 최근에는 수질오염 등 환경파괴와 관련하여서도 문제시됨으로 엄격한 성능을 확보하도록 법 및 시방서에서는 그 품질을 규정하고 있다.

사진 1 수중콘크리트 시공 모습

### 4.3 수중 불 분리 콘크리트의 요구성능

일반 수중 콘크리트와 달리 특히 수중 불 분리 콘크리트에 있어서는 다음과 같은 성능이 요구된다.

#### (1) 수중분리 저항성

수중 콘크리트에서 제일 중요한 것은 물속에서 재료분리가 발생하지 않도록 막는 것이다. 즉, 수중 불 분리제라는 약을 넣어 주어서 콘크리트를 제조하여야만 하는데, 결국 이것은 점성을 높여주는 증점제인 것이다. 따라서 이때 주로 이용하는 수중 불 분리제는 표 1과 같은 셀룰로오스계, 아크릴계의 증점제 및 기타 소포제, 경화 촉진제 및 고성능 감수제 등 혼화제가 사용되고 있다. 이때, 수중 불 분리제의 작용으로는 사용성 고분자인 수중 불 분리성 혼화제가 수소결합에 의해 혼합수의 일부, 즉 결합수를 수중 불 분리성 혼화제의 주위로 잡아당기는 형태로 혼합수 내에 분산되고, 나머지 자유수는 분산된 고분자의 망상 조직내에 갇힌 상태가 되어 자유로운 유동을 할 수 없기 때문에 콘크리트의 항복치가 높아진다. 결국, 시멘트 입자와 골재는 항복치가 높은 고 점성물에 감싸인 상태로 있어 외부의 물과 접촉해도 사진2의 (2)와 같이 되어 물속에서 씻기지 않는 재료분리 저항성을 갖는 것이다.

표 1 수중분리성 혼화제의 주요성분

| 종류 | | 화학명 |
|---|---|---|
| 증점제 | 셀룰로오스계 | 메틸셀룰로오스(MC), 에틸셀룰로오스(EC),<br>하이드록시메틸셀룰로오스(HMC),<br>하이드록시프로필셀룰로오스(HPC),<br>하이드록시에틸메틸셀룰로오스(HEMC),<br>하이드록시프로필메틸셀룰로오스(HPMC),<br>하이드록시에틸에틸셀룰로오스(HEEC),<br>카르복시메틸셀룰로오스(CMC) |
| | 아크릴계 | 폴리아크릴아미드, 아크릴산소다,<br>폴리아크릴아미드와 아크릴산소다와의<br>공중합물, 폴리아릴아미드 부분가수분해물 |
| 소포제 | | 고급알칼리, 인산에스테르계, 실리콘계<br>Dibutyl Buthanol, Tributhyl Phosphate Gylcol계, 비수용성 알코올계 |
| 경화촉진제 | | 염화칼슘, 규산나트륨, 규산칼슘, 황산나트륨,황산칼슘, 염화나트륨, 황산리튬, 규산화마그네슘 |
| 고성능 감수제 | | 멜라민술폰산계, 나프탈렌술폰산계, 폴리칼본산계, 리그닌술폰산계, 알킬아릴술폰산계 |

따라서 수중 불 분리 콘크리트는 수중 불 분리제를 반드시 넣어 주어야만 하는데, 이때 수중 불 분리성은 수중 불 분리도 혹은 수중/기중 강도비로 설정 및 관리한다. 수중 불 분리도 시험은 한국콘크리트학회 규준(KCI-AD 102)에 규정되어 있는데, 현탁 물질량은 50 mg/$l$ 이하, pH는 12.0 이하이고, 수중 기중 강도비는 수중 분리 저항성의 요구가 비교적 높은 경우 0.8 이상, 일반적인 경우는 0.7 이상으로 규정되어 있다.

(1) 보통상태　　　　　　　　　　　(2) 수중 분루제 이용 상태

사진 2 물속에서의 시멘트 페이스트 거동

### (2) 유동성

일반적으로 물속에서 타설하는 콘크리트는 다짐을 할 수 없는 경우가 많다. 따라서 타설방법 및 용도에 따라 다르기는 하지만 중간 정도의 질기(슬럼프 120~180 mm)가 요구된다. 단, 현장타설 말뚝 및 지하연속벽에 설계기준강도 50 MPa를 초과하는 고강도를 요구하는 경우는 스스로 채워질 수 있는 슬럼프플로 500~700 mm의 고유동 콘크리트가 이용된다.

## 4.4 수중 콘크리트 타설

물속에서 콘크리트를 타설할 수 있는 장비는 다양한 것이 있다. 즉, 옛날에 쓰던 방법으로는 콘크리트를 포대에 담은 다음 수중 타설면으로 내린 후 밑을 열어주는 「밑열림 포대 콘크리트 공법」, 콘크리트를 상자에 담아 물밑 타설면으로 내린 다음 상자 밑을 열어주는 「밑열림 상자에 의한 타설공법」이 있었으나 현재는 거의 쓰이지 않는다. 또한, 과거부터 현재에도 이용하는 방법으로는 원통형 관으로 된 트래미 혹은 특수 트래미에 콘크리트를 넣고 타설면으로 콘크리트를 보내는 것으로 밑바닥이 열리는 방식에 따라 바닥마개식, 플런저식, 개폐식 등이 있다.

최근에 가장 많이 이용하는 수중 콘크리트 타설 방식은「콘크리트 펌프 타설 공법」으로 펌프의 붐 선단을 수중 콘크리트 타설면까지 내려 넣고 타설하는 공법이다. 이외에도 굵은골재를 거푸집에 먼저 채워 넣고 가는 입자의 모르타르 상태를 밀어 넣는「프리 플레이스드 콘크리트 공법」이 있고, 지상에서 구조체를 완성한 다음 수중에 설치하는 프리캐스트 콘크리트 방식도 있다.

수중 콘크리트 타설시공과 관련하여서는 먼저, 물속에서 콘크리트 타설전 기본은 물의 흐름을 물막이 등으로 정지시키는 것이다. 어쩔 수 없는 경우는 최소한의 유속인 50 mm/s 정도 이하로 하여야 한다. 다음으로는 타설면으로부터 수중낙하 높이는 콘크리트 속에 박아 넣거나, 가능한 낮게 하여 0.5 m 이하로 한다. 또한, 펌프타설일 경우 그 압송 압력은 일반 콘크리트보다 크게 하고, 타설속도는 1/2~1/3 정도로 하는데, 수중 이동거리는 5 m 이하로 가능한 짧게 하며, 끊임없이 연속타설을 하도록 한다.

결론적으로 물속에서의 콘크리트 타설은 육상에서 직접 눈으로 확인하며 진행하는 것과 달리, 확인할 수 없다는 것이 특징이다. 따라서 어느 경우보다 타설 기능공의 성실시공 여부가 품질을 크게 좌우하는 것인 만큼 적절한 시공법의 선정 및 시공품질 관리가 중요하다. 그리고 수중 구조물 설계에서는 불확실한 요소가 많을 수밖에 없으므로 충분한 안전율을 고려하는 것도 필요하게 된다.

# 5 프리플레이스트 콘크리트

## 5.1 서언

콘크리트는 다양한 측면에서 다양한 형태로 분류될 수 있다. 이중 특히 제조하는 측면에서 분류하면, 시멘트, 물 및 골재를 현장의 믹서로 비벼서 구조체에 타설하는 현장제조 방법, 공장에서 제조된 콘크리트를 현장으로 운반하여 펌프 등으로 타설하는 레미콘 활용방법, 거푸집 속에 굵은골재를 먼저 채워넣고 미리 배치된 관을 통하여 모르타르를 주입하여 구조체를 완성하는 프리플레이스트 콘크리트 방법 및 공장에서 콘크리트를 제조하여 부재를 만든 다음 이것을 현장에 운반하여 조립하는 프리캐스트 콘크리트 방법 등이다.

따라서 이 단원은 전번 단원(수중 콘크리트)과 맥을 같이하여 주로 수중에서 많이 이용하는 위의 제조방법 분류 중 프리플레이스트 콘크리트에 대하여 현행 콘크리트 표준시방서 내용을 정리하여 소개해 보고자 한다.

## 5.2 프리플레이스트 콘크리트의 용어 및 개요

프리플레이스트 콘크리트는 2003년도 개정 콘크리트 표준시방서에서는 「제14장 프리팩트 콘크리트(Prepacked concrete)」라고 되어 있었고, 2009년도 개정판(제19장) 이후부터 현재 사용하는 「KCS 14 20 50 : 2016」에서는 프리플레이스트 콘크리트(Preplaced concrete)로 용어를 바꾸어 규정하고 있다. 그렇다면 이와 같이 용어를 바꾸어 규정한 내용은 개정 시방서의 해설에 설명이 필요한데, 유감스럽게도 아무런 언급이 없다. 따라서 이 부분에 대하여 문헌을 조사해본 결과, 프리팩트 콘크리트란 미국의 Prepacked concrete Co.(Instruction prepakt Inc.)가 고안한 프리플레이스트 콘크리트의 한 가지 방법으로 모르타르 주입에 모르타르의 유동성을 증가시키기 위하여 인트루전 에이드(Intrusion aid)란 혼화재료를 사용하는 것이 특색이다. 인트루전 에이드란 골재 사이에 주입하는 그라우트 모르타르의 주입성을 돕기 위하여 수용성의 셀룰로오스 에테르(Celluose ether)를 주재로 하고, 분산제·점성조정제·증량재 등을 배합한 것이다.[1)]

결국, 프리팩트 콘크리트는 프리플레이스트 콘크리트 공법 중 한 회사가 개발한 방법인 것으로, 우리나라의 경우 최초의 시방서는 일본 쪽 시방서를 참조하여 프리팩트 콘크리트로 사용해 오다가 미국 시방서와 비교할 때 잘못 표기된 것을 인지하고, 2009년 개정판부터는 프리플레이스트 콘크리란 용어로 사용하게 된 것이다.

프리플레이스트 콘크리트는 공기중에서 시공되는 경우도 있으나 대부분은 제자리 콘크리트 말뚝이나 해양 구조물과 같은 수중에서 시공하는 경우가 대부분인데, 이 공법이 응용되는 것은 구조물 종류, 중요성, 구조의 크기 등에 따라 다양할 수 있다.

이 공법의 특징으로서는 일반 콘크리트와 같은 방법으로 시공되지 않으므로 배합을 결정하기 어려워 과거의 공사실적을 충분히 고려한 다음 안전측으로 배합을 결정하여야 하고, 또한, 시공이 적절하지 못하면 구조체의 품질 결함을 일으키기 쉬우며, 완성된 구조물의 품질도 확인하기 곤란한 점이 있어 신중을 기하여야 한다.

## 5.3 자재 및 배합

프리플레이스트 콘크리트에 이용되는 자재로서, 시멘트 등 결합재는 특별히 정해진 것은 없고 일반적인 것을 이용한다. 단, 중요한 것은 골재로서 굵은 골재를 먼저 거푸집에 채워 넣고 시멘트 모르타르로 그 공극을 채우는 것인 만큼, 굵은골재는 최소치수를 15 mm 이상, 최대치수는 부재단면 최소치수의 1/4이하, 철근 순간격의 2/3 이하로써 최소치수의 2~4배로 한다. 단, 대규모 프리플레이스트 콘크리트인 경우는 굵은골재 최소치수를 40 mm 이상으로 하여 주입모르타르의 주입성을 높여 주어야 한다. 그러나 공극이 지나치게 크고, 많으면 주입모르타르 양이 많아져서 비경제적이 될 수 있으므로 이 또한 고려하여야 한다.

---

1) 장기인 ; 건축시공학, 보성각, 1994, p.127

잔골재인 경우는 주입모르타르의 주입성을 높이기 위하여 2.5 mm 이상 굵은 입자가 포함되지 않게 표 1과 같이 조립율 1.4~2.2의 범위로 하여 사용한다.

표 1 잔골재의 표준입도

| 체의 호칭치수(mm) | 체를 통과한 것의 질량 백분율(%) |
|---|---|
| 2.5 | 100 |
| 1.2 | 90~100 |
| 0.6 | 60~80 |
| 0.3 | 20~50 |
| 0.15 | 5~30 |

주입 모르타르의 배합은 유동성 및 유동성 유지시간을 갖는 것으로서, 분산제를 이용하여 KS F 2432의 유하시간이 16~20초(고강도는 25~50초)가 되도록 하고, 재료분리는 블리딩율로써 3시간에 3 %(고강도는 1 %) 이하로 하며, 팽창성은 팽창재를 이용하여 시험시작 후 3시간에서 5~10 %(고강도 2~5 %)의 팽창성으로 골재와 페이스트의 부착성능을 높여 주어야 한다.

비비기는 0.2~1.5 $m^3$ 모르타르 믹서를 이용하는데, 5분 이내에 소요품질을 비벼낼 수 있는 것으로 에지테이터 트럭 및 주입펌프의 능력과 1일 모르타르 주입량 등을 종합적으로 고려하여 여유 있게 결정한다.

거푸집의 경우는 특히 고유동의 주입 모르타르가 거푸집과 기초 사이 등의 틈에서 누출되기 쉬우므로 수밀하게 제조되어야 하고, 또한 굵은골재 주입 시 충격, 부어 넣을 시의 측압, 바다인 경우는 조수의 변화에 따른 수압 등을 충분히 고려하여 견고하게 제작되어야 한다.

## 5.4 시공

프리플레이스트 콘크리트의 시공으로 주입 모르타르의 운반, 타설, 양생 및 품질관리는 기존의 보통 콘크리트와 동일하다. 단, 굵은골재의 채움은 주입 모르타르의 주입관과 검사관을 굵은골재를 채우기 전에 미리 배치하여야 한다. 굵은골재를 채우는 방법은 거푸집이 수면 아래에 있을 경우에는 밑 열림 버킷선 등을 사용하고, 거푸집 상단이 수면상에 있는 경우에는 거푸집 안에 설치한 임시 호퍼와 투입용 벨트 컨베이어를 이용하여 굵은골재 토출구를 이동시키면서 거푸집 전체에 굵은골재가 균등히 채워지도록 투입한다.

모르타르의 주입으로는 시공수량, 시공기간 및 입지조건을 충분히 고려하여 연속적이고 원활하게 시공되도록 재료의 공급, 모르타르 배치플랜트의 제조능력, 모르타르 배치플랜트에서 주입장소까지의 거리 및 주입펌프의 능력과 대수를 적절히 계획하여야 하며, 예기치 않은 사태에 대처할 수 있도록 예비 펌프를 준비한다.

주입관의 배치로서 연직 주입관의 수평거리 간격은 2 m, 수평주입관의 수평간격은 2 m, 연직간격은 1.5 m 정도를 표준으로 한다. 단, 대규모 프리플레이스트 콘크리트인 경우의 주입관은 5 m 전후로 한다. 모르타르의 압송은 모르타르 펌프를 이용하는데, 펌프는 충분한 압송능력을 보유한 것으로서 보통은 피스톤 압송식 펌프가 주로 사용되나 고강도용인 경우는 스퀴즈식 펌프를 사용할 수도 있다.

프리플레이스트 콘크리는 모르타르의 주입이 중요한데, 이와 관련한 콘크리트 표준시방서의 규정 사항은 다음 표 2와 같다.

표 2. 콘크리트 표준시방서의 주입에 대한 규정

3.9 주입

3.9.1 주입 작업

(1) 모르타르의 주입을 중단하여 설계나 시공계획에 없는 시공이음을 두는 것은 중대한 약점이 되므로 이는 절대로 피하여야 하며, 모르타르의 주입은 설계와 시공계획에서 정한 시공 면까지 계속하여야 한다.

(2) 주입 작업 중 기계고장이나 급격한 일기변화 등 부득이한 사정이 생겨 주입을 중단할 경우, 주입이 중단된 지 2~3시간 정도 이내이고, 이미 주입된 모르타르가 아직 응결되지 않아 충분한 유동성을 지니고 있을 경우에만 특별한 조치를 취하지 않고서도 다시 주입할 수 있다.

(3) 계획 높이 면 부근의 모르타르는 물에 의해 희석되며 팽창구속의 저하 등의 영향에 의해 품질이 상당히 떨어지는 경향이 있어 쳐올린 후 짧은 주입관을 써서 부배합의 모르타르를 재주입하여 품질이 저하한 모르타르를 배제하든가 경화한 후에 제거하여야 한다.

(4) 주입은 최하부로부터 시작하여 상부로 향하면서 시행하며, 모르타르면의 상승속도는 0.3~2.0 m/h 정도로 하여야 한다.

(5) 주입은 거푸집 내의 모르타르 면이 거의 수평으로 상승하도록 주입 장소를 이동하면서 실시하여야 한다. 이를 위해 펌프의 토출량을 일정하게 유지하면서 적당한 시간 간격으로 주입관을 순차적으로 바꿔가며 주입하여야 한다.

(6) 연직주입관은 관을 뽑아 올리면서 주입하되 주입관의 선단은 0.5~2.0 m 깊이의 모르타르 속에 묻혀 있는 상태로 유지하여야 한다.

<이하 생략>

# 6 프리캐스트 콘크리트

## 6.1 서언

프리캐스트 콘크리트(Precast Concrete: PC)란 "공장에서 미리 철근 콘크리트 부재를 제작하고 양생한 다음 기성 제품화하여 현장에서 조립구조로 시공하도록 한 콘크리트"라고 정의할 수 있다. 이 단원에서는 PC와 관련한 공정, 생산, 운반 및 조립시공에 관한 사항과 종전 콘크리트 표준시방서에 규정된 공장제품의 품질관리에 대하여 간략히 소개해 보도록 한다.

## 6.2 PC의 개요 및 공정

최근의 건설현장은 현장 노동인력 감소, 건설기능공의 고령화, 외국인 노동자의 의존도 심화, 레미콘 8·5제. 주 52시간 근무제, 재해방지법 강화, 강성 건설노조와의 불편한 상황과 아울러 코로나 19사태까지 겹쳐 어려움이 심해지고 있다. 따라서 건축물인 경우, 아파트 건설공사에 있어서 지하주차장인 경우는 대부분 PC화 하는 추세에 있고, 기타 아파트 및 건축물인 경우 메인 골조를 적층한 라멘식, 벽식 및 골조 속에 끼워넣는 인필(In fill) 식 등으로 발전하고 있다. 토목인 경우는 침매터널, 조립식 교량, 실드(Shield) 터널의 세그먼트(Segment) 등이 있는데, 탈현장 건설(Off site construction)방식으로 점차 발전하는 추세에 있다.

부재의 제조공장으로는 고정공장, 이동공장, 현장공장의 형태가 있는데, 이 방법은 공장에서 철근 콘크리트 부재를 제작한 후 현장에서는 조립만 하면 되는 방법인 만큼 공기단축이 가능하고, 품질관리가 용이하며, 안전사고 방지에도 유리하고, 내구성이 증대되며, 공사비도 절감되는 등 다양한 장점이 있다. 반면, 이 공법은 접합부의 양부가 구조물 전체의 품질을 좌우하는 이 만큼, 설계단계에서부터 부재 생산 및 시공계획 등을 염두에 두어야 하고, 또한 시공자인 경우는 접합부에 관한 구조상의 지식을 갖추고 시공관리를 진행할 필요가 있다. 참고로 정상진 외 7인의 공저인 「건축시공학」에서 소개하는 PC 부재제조의 일반적인 공정은 그림 1과 같다.

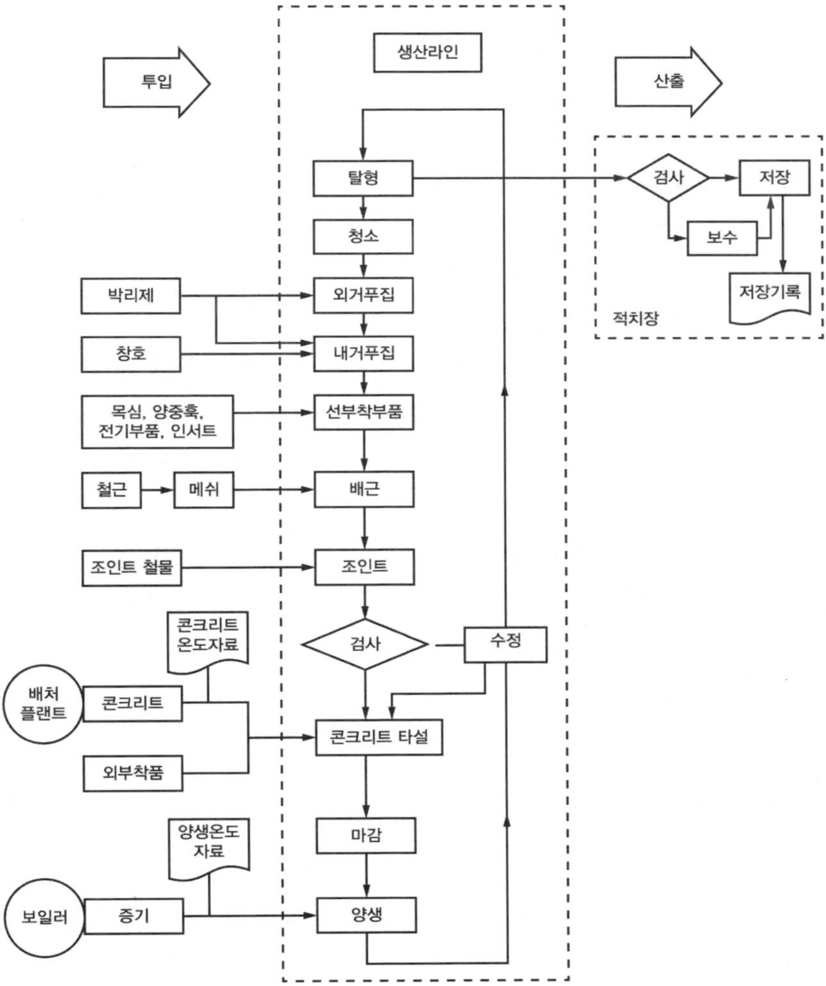


그림 1 PC의 부재제조 공정

## 6.3 PC의 생산

PC를 생산하기 위한 재료배합과 PC 강재 및 거푸집 등은 일반콘크리트와 동일 혹은 유사하다. 단, PC는 공장에서의 제품생산이다 보니 생산성 향상이 중요한데, 회전율을 높이기 위해서는 탈형강도의 관리가 중요하다. 일반적으로, 탈형시의 압축강도는 대략 8~12 MPa가 요구되는데, 이를 확보하기 위하여는 조강성 시멘트, 고강도 배합, 밀실한 다짐 및 촉진양생 등으로 목표치를 만족하도록 노력해야 한다. 특히, PC 제품을 탈형할 때에는 접합철물에 충격이 가해지는 경우가 있고, 탈형도구 사용에 따른 부재 손상도 발생할 수 있으므로 탈형강도 설정에는 여유를 고려할 필요가 있다.

PC제품의 신속한 강도 발휘에는 양생이 중요하다, 특히 이중, 촉진 양생방법으로 검토되는 것은 증기양생, 오토클레이브 양생 등이 있다. 이때, 증기양생의 경우는 그림 2의 온도 곡선에 따라 양생할 필요가 있는데, 80℃ 이상 지나치게 고온이 되면 탈형시간은 단축할 수 있더라도 DEF(Delayed ettringite formation : 에트린가이트 지연생성)에 의해 균열이 발생할 수 있으므로 주의를 요한다.

양생이 완료되면 탈형이 이루어지는데, 탈형방식은 수평 양중방식, 수직 양중방식, 경사 양중방식 등이 있다. 거푸집과 PC 부재 간에는 부착에 의한 균열, 표면박리 등의 결함이 발생할 수 있으므로 박리재의 선택 및 공장여건을 고려하여 적절한 탈형방법을 결정한다.

## 6.4 운반 및 시공

공장에서 제작된 PC부재는 결함 및 정밀도 등을 검사하여 필요한 경우는 결함을 보수한 후, 일정한 기간만큼 저장해 두었다가 현장으로 운반한다.

현장에서는 공장에서 제작된 PC제품이 반입되면 조립순서 등을 고려하여 번호를 부착한 후 현장에 임시 보관한 후 조립순서에 맞춰 크레인 등으로 인양하여 조립하게 된다. 구체적인 조립 및 접합에 관한 사항은 공사 전에 공작도면, 시공계획서 및 품질관리 계획서를 작성하여 책임기술자의 승인을 받은 후, 시공 계획된 대로 진행하도록 한다. 특히 외부에 면한 접합부의 경우에는 누수에 따르는 방수 문제가 중요할 수 있는데, 충전줄눈, 오픈줄눈, 실링된 빈 줄눈 중에서 가장 적합한 방법을 택하여 면밀히 시공되어져야 한다.

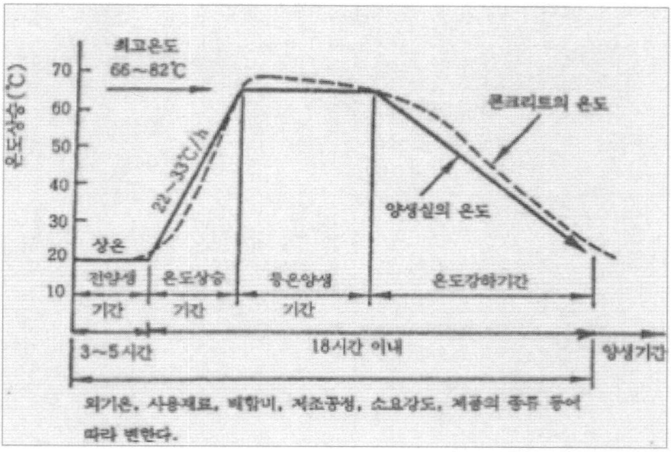


그림 2 증기양생의 양생온도

출처 : 콘크리트학회 ; 최신 콘크리트공학

## 6.5 품질관리

콘크리트 표준시방서에 규정되어 있는 공장제품의 품질관리 및 검사는 표 1과 같다.

공장제품의 균열하중, 파괴하중 및 기타 필요한 성질에 대한 품질관리 및 검사는 실물에 대하여 직접 시험하는 것을 원칙으로 한다. 실물을 직접 시험하는 것이 곤란한 경우에는 소요 품질을 판정할 수 있는 시험체를 사용하여 시험한다. 또한, KS에 제정되어 있는 제품의 품질관리 및 검사는 KS에 정해 놓은 방법에 따라야 한다. 특히 생산계획서가 정해져 있지 않은 경우에는 유사한 KS제품의 시험 및 검사방법을 참고하여 수행하면 좋다.

실물시험을 실시하기 곤란한 공장제품의 경우에는 생산계획서에 따라 별도로 제작한 시험체에 의한 시험을 실시할 수도 있다. 또 공장 제품의 배근 위치나 오차의 상태, 피복 두께 등을 검사하는 것도 중요할 수 있는데, 이 경우에는 강도시험에서 파괴된 제품을 이용할 수 있다. 또 필요에 따라서는 동결융해 시험 등 내구성도 확인한다.

표 1 양생온도, 탈형할 때의 강도, 프리스트레스 도입할 때의 강도에 대한 품질검사

<table>
<tr><th>항목</th><th>시험·검사방법</th><th>시기·횟수</th><th>판정기준</th></tr>
<tr><td>양생온도</td><td>온도 상승률, 온도강하율, 최고 온도와 지속시간</td><td>재료·배합 등을 변경한 경우 또는 수시</td><td rowspan="3">KS 또는 생산계획서에 정해진 조건에 적합할 것</td></tr>
<tr><td>탈형할 때의 강도</td><td rowspan="2">「2.7 콘크리트의 강도」에 의한다.</td><td rowspan="2">재료·배합·양생방법 등을 변경한 경우 또는 수시</td></tr>
<tr><td>프리스트레스 도입할때의 강도</td></tr>
</table>

# 7 프리스트레스 콘크리트

## 7.1 서언

프리스트레스트 콘크리트(Prestressed concrete : 이하 PSC)란 PS강재(Prestressing steel)를 사용하여 미리 응력을 넣어준 즉, 프리스트레스(Prestress)를 도입한 콘크리트를 말한다. 이 단원에서는 전 단원에서 소개한 프리캐스트 콘크리트(Precast concrete : PC)의 한 형태로 많이 이용되고 있는 PSC에 대하여 그 공법의 도입배경, 종류 및 특성, 시공에 대하여 기술하여 본다.

## 7.2 도입배경

우리 주변에서 철근콘크리트 공사를 진행하는 것을 보면, 철근의 경우는 큰 인장력을 받는데 비하여 고가이므로 콘크리트 부재에서 인장력이 크게 작용하는 쪽으로 철근을 많이 보내주기 위해 꺾고 구부린다. 즉, 철근은 꺾고 구부려도 문제가 없을 정도로 많이 늘어나는 인성(靭性)을 갖고 있는데 비하여 콘크리트는 구부리면 바로 부러지는 취성(脆性)재료이다.

반면, 동일한 단면의 철근은 콘크리트보다 큰 힘을 받고(고강도), 동일 응력에는 변형이 작은 고탄성을 나타낸다. 따라서 철근콘크리트의 단순보로 가정하여 일례를 들면, 그림 1의 1)과 같이 상부에는 압축, 하부에는 인장력이 작용하는데, 인장측에 철근을 배근하게 되면 고강도·고탄성으로 큰 힘을 받을지라도 조금 늘어나는 상황이면 아직도 여유가 있지만, 콘크리트에는 균열이 발생하여 철근의 능력을 최대한 활용하지 못하는 상황이 된다.

그러므로 이번에는 철근보다 몇 배 강한 피아노선과 같은 PS강재를 그림 1의 2)와 같이 콘크리트에 인장이 작용하는 쪽에 배치하여 미리 잡아당겨 주고 난 다음 콘크리트와 일체화시켜주면 콘크리트 보는 압축력으로만 작용하여 그림 1의 3)과 같이 인장력이 없어지게 된다. 즉, 콘크리트에 인장력이 작용하더라도, 이것을 압축력으로 상쇄시켜서 균열을 방지하고 PS강재는 여유를 가지고 낭비되던 응력을 최대한 활용하게 되어 이상적인 구조체가 만들어지는 것이 성립원리이자, 도입배경이다. 단, PS강재의 종류로는 철선 굵기 정도의 PS강선, PS강선 여러 가닥을 꼬아 만든 PS강연선, 철근 굵기 정도로 굵게 만든 PS강봉이 있다.

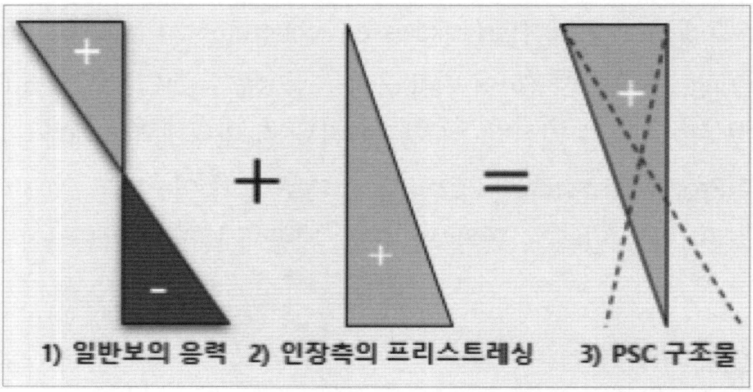


그림 1 프리스트레스 콘크리트의 성립원리

## 7.3 PSC의 종류 및 특성

PSC의 종류로는 응력을 도입하는 시기에 따라 2종류로 대별된다. 즉, PS강제에 미리 응력을 준 상태에서 콘크리트를 타설하고 콘크리트가 굳어진 후 PS강재를 절단하는 방식의 프리텐션 방식(Pretensioning system)과 PS강재를 삽입할 관을 배치하고 콘크리트를 타설하여 굳힌 다음 덕트에 PS강재를 삽입하고 긴장하여 콘크리트에 고정시키는 포스트텐션 방식(Posttensioning system)의 2종류가 있다.

### (1) 프리텐션 방식

이 방법은 주로 공장에서 쌍티(TT)바닥판, 스팬크리트(Spancrete), 스피롤 판(Spiroll core floor), 중공 바닥판 및 원심력을 이용하는 말뚝, 전주 등을 제조할 때 적용되는 방법이다. 프리텐션 방식으로 PSC를 제조하는 방법의 종류에는 또다시 두 가지로 분류된다. 먼저, 초기에 적용하던 방법 및 특별한 상황일 경우에 이용하는 방법으로 PS강재를 제품별로 하나씩 당겨 개별적으로 제조하는 단독형틀법(Individual mold method)이 있는 반면, 최근에는 그림 2와 같이 수십 혹은 100 m가 넘는 제작대에 PS강재를 잭 등을 이용하여 긴장한 다음, 한번에 여러 개의 부재를 성형하고 굳어진 다음 절단하는 방식으로 몇 개를 동시에 제조하는 롱라인법(Long line method)이 있는데, 이것은 대량생산에 효율적인 방법이 된다.

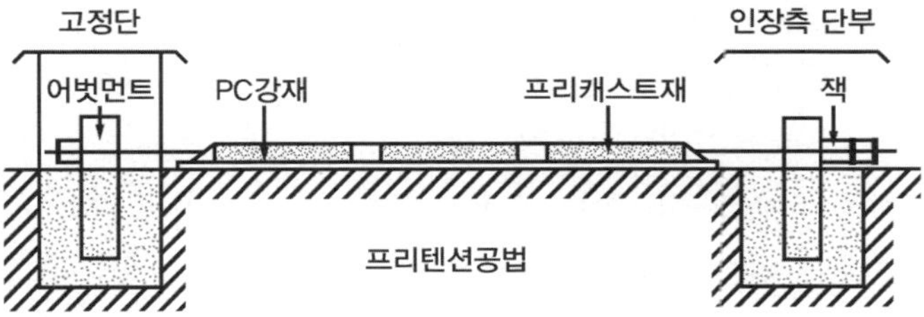


그림 2 롱라인법 프리스트레스트 콘크리트의 부어넣기 방법

### (2) 포스트 텐션방식

이 방법은 주로 현장에서 장스팬인 교량의 보 등을 제조할 때 이용되는 방법이다. 즉, 이 방식은 콘크리트를 부어넣기 전에 PS강재를 삽입하기 위한 덕트(Duct)를 만드는 관(Pipe) 또는 시즈(Sheath : 칼집과 같은 씌우개란 뜻임)를 묻어두고 콘크리트를 부어넣어 경화된 다음 (이때, 콘크리트의 압축강도는 프리스트레스를 준 직후 콘크리트에 발생하는 최대 압축응력의 1.7배 이상) PS강재를 삽입하고, 강재의 한 끝은 정착시키고 다른 끝을 유압잭 등을 사용하여 긴장시키게 된다. 긴장된 PS강재를 정착시키는 공법은 여러 종류가 있으나 대표적인 것은 1939년 E. Freyssinet(프랑스)에 의해 고안되었고, 그 후 다음과 같은 방식도 개발되었다.

① 쐐기식(Wedge system : PS강재의 일종인 PC강선 혹은 강연선을 쐐기로 고정하는 방법)
② 나사식(Screw system) : PC강봉의 단부에 나사를 달아 너트로 정착하는 방법
③ 기타 : 상기 이외에도 압착 나사식, 버튼 해드식, 루프식, 용융합금식 등이 있다.

또한, 덕트(시즈)에 PS강재를 삽입하고 PS강재를 긴장시킨 다음 PS강재와 덕트(시즈) 사이에는 시멘트 페이스트, 시멘트 모르타르, 기타 교착물로 그라우팅하여 PS강재에 부착력을 주고, 또한 강재의 부식을 방지하게 하는 부착식 방법이 있고, 또 하나는 PS 강재 주위를 비워주는 비부착식 방법이 있다.

먼저, 부착식 방법의 경우, 충전시키는 그라우트재의 배합은 물-결합재비 45 % 이하에, 염분함유량, 블리딩 및 체적 변화가 없는 것으로 한다. 또한, 그라우트재는 덕트의 길이 및 형상. PS 강재의 종류 및 덕트 속에 점유하는 PS강재의 단면적의 비율 등과 같은 구조조건, 주입작업에 있어서 시공시간 등의 시공조건 및 기온 등의 기후조건을 고려하여 그리우팅의 유동성, 재료분리 저항성, 체적변화 등을 적절히 설정함과 동시에 적절한 주입방법을 설정해 주어야 한다.

그리우트 시공은 프리스트레싱이 끝나고 8시간이 경과한 다음 가능한 빨리 하여야 하는데, 늦어도 프리스트레싱이 끝난 후 7일 이내에는 실시하여야 한다. 만약 이러한 기한을 준수하지 못할 경우에는 부식 방지제를 사용하여 PS강재를 보호하여야 한다.

또한, 비부착 방법(Unbond post tension)은 강재에 녹막이 윤활유를 도포하고 폴리에틸렌 등장 감아 시즈에 끼워 넣거나, 혹은 방습 보강지의 테이프로 감은 긴장재(Unbond tendon)를 콘크리트와 같이 부어넣는 공법이 있다. 이 공법은 부착이 없기 때문에 부재 파괴내력이 저하하는 등의 단점이 있으나, 반대로 PS강재에 균일한 응력이 작용하여 한곳의 집중응력을 분산하는 효과가 있고, 무엇보다 그라우팅 작업의 번잡성을 생략할 수도 있다.

또한, 이 방법은 기존 구조물을 외부에서 보강할 때 외부 텐돈(External tendon)으로 활용할 수도 있다.

## 7.4 PSC 부재의 시공

PSC부재의 구조체로의 조립시공은 프리캐스트 콘크리트의 조립과 동일하게 이루어진다. 따라서 PSC부재의 제작, 운반, 보관, 접합 등 시공은 이전 단원을 참조한다. 단, 운반 및 보관의 경우 지진, 차량사고, 부동침하 등 예상치 못한 다양한 원인에 의하여 부재가 무너지거나, 기울어지거나, 넘어져 뒤집어지는 일(전도)이 없도록 대책을 마련해 두어야 한다. 또한, 그라우트를 주입하지 않은 포스트 텐션 부재를 한냉기에 장기간 보관할 경우에는 덕트 내에 물이 고여서 동결되어 그 팽창압으로 부재에 균열이 생길 수도 있으므로 동결되지 않도록 보온 대책을 마련할 필요가 있다.

특히, PSC구조 부재를 조립하여 접합할 경우에는 부재의 위치, 형상 및 덕트가 잘 일치하도록 부재를 설치하고, 접합작업 및 프리스트레싱 중에 어긋나거나 비틀림이 생기지 않도록 하여야 한다. 기타 PSC의 품질검사 및 현장 품질관리에 관한 상세한 사항은 KCS 14 20 53(프리스트레스트 콘크리트)를 참조한다.

# 8 숏크리트(Ⅰ)

## 8.1 서언

일반적인 콘크리트를 아무런 조치 없이 벽에 쏘아붙인다면 굵은골재는 튀어나오고(Rebound), 시멘트 모르타르는 벽을 타고 흘러내릴 것이다. 그러나 여기에 빨리 굳어지게 하는 급결제를 넣고, 쏘아붙이면 굵은골재도 튀어나오지 않고 시멘트 모르타르도 흘러내리지 않으며 벽에 붙어 굳어지게 되는데, 이것을 숏크리트라고 한다. 따라서 이 단원에서는 이와 같이 이용하는 숏크리트에 대하여 정의, 분류, 자재, 요구성능에 대해 기술하고, 다음 단원에서는 제조방법, 시공 및 품질관리에 대하여 소개해 보고자 한다.

## 8.2 정의 및 분류

숏크리트(Shotcrete, Sprayed concrete)란 콘크리트 표준시방서 용어의 정의에 의하면 「컴플셔(컴프레셔) 혹은 펌프를 이용하여 노즐위치까지 호스 속으로 운반한 콘크리트를 압축공기에 의해 시공면에 뿜어서 만든 콘크리트」라고 되어 있다. 결국, 숏크리트란 총의 발사개념의 Shot와 콘크리트의 Crete를 복합한 합성어이고, 뿌리는 개념의 용어로서 분무된 콘크리트로 Sprayed concrete로 일컬어지고 있다.(사진 1참조)

이와 같은 숏크리의 용도는 다음과 같은 곳에 주로 이용된다.

① 경사갱, 연직갱을 포함하는 터널 및 지하 공간건설

② 법면 보호를 목적으로 하는 사면안정공사

③ 터널, 댐 및 교량 등 구조물의 보수·보강 공사

특히, 터널 및 지하공간에 이용되는 숏크리트는 사용목적에 따라 다음의 두 가지로 분류된다.

① 임시지보재 : 구조물의 조기 안정화와 굴착 후 지반이완 및 외력에 대한 안전성 확보

② 영구지보재 : 영구적으로 구조재의 역할을 하며 장기간의 구조적 안전성을 확보

①, ② 중에서 1970년대 중반 이전에는 임시지보재로 많이 이용되었지만, NATM(New austrian tunnelling method)이 획기적인 터널 공법으로 인정받으면서 영구 지보재로 사용되고 있다.

또한, 숏크리트는 타설방법에 따라 그림 1과 같이 건식과 습식으로 분류된다. 이때 건식이란 시멘트와 골재가 믹서에서 건비빔으로 혼합된 상태로 압축공기에 의해 노즐로 이송 물과 함께 혼합되면서 분사하는 방법이고, 습식은 시멘트, 골재 및 물을 혼합하여 콘크리트를 만든 다음(레미콘을 이용하기도 함) 압축공기로 노즐로 이송해 분사하는 방법이다. 두 방법 간의 특징으로 건식공법은 노즐맨(Nozzle man)의 숙련도 및 능력이 품질에 크게 영향을 미치고, 분진 및 리바운드 발생량이 습식공법보다 많은 것이 단점이다. 따라서 근래에는 습식공법이 건식보다 높은 빈도로 사용되고 있다.

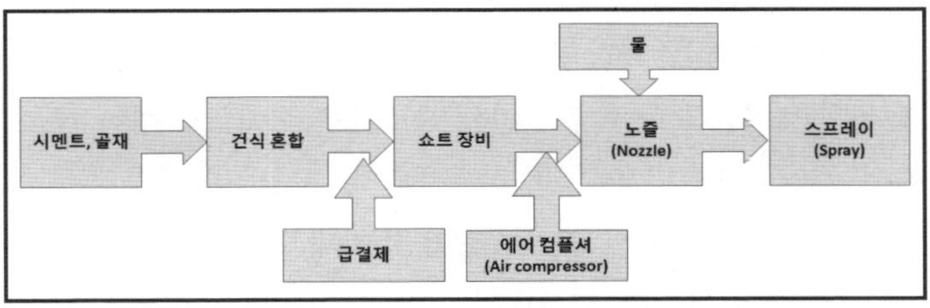


1) 건식방법

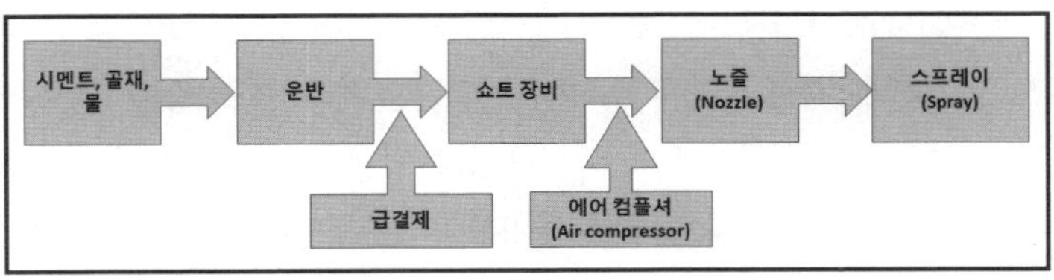


2) 습식방법

그림 1 타설방법에 따른 숏크리트 분류

사진 1 숏크리트 시공모습

출처 : 일리어스21 터널숏크리트시공(https://a.eeliassi.com/)

## 8.3 숏크리트용 자재

숏크리트에 이용되는 시멘트, 골재, 혼화재료 및 물은 일반적인 콘크리트와 동일하다. 단, 특징적인 것은 혼화재료 중 급결재와 보강재에 관한 것이다.

먼저, 급결제의 종류로는 알루미네이트계인 알루민산 나트륨을 주종으로 하는 액상형과 분말형이 있고, 액상형의 실리케이트계와 황산나트륨을 주종으로 하는 알칼리 프리계 및 분말형인 시멘트 광물계가 있다. 이들 급결제는 각기 다른 특성을 보이는데 특히 알루민산 나트륨을 주종으로 하는 경우는 수화반응에 직접 개입함으로써 초기강도 증진은 우수하나 장기강도는 저하하는 반면, 황산나트륨을 주종으로 하는 알칼리 프리계 급결제는 초기 수화반응에 개입보다는 간접적인 급결력 형성으로 인하여 초기강도 증진은 알루민산 나트륨에 비하여 다소 저하하나 장기강도 저하는 거의 없는 것이 특징이다. 따라서 어느 급결제를 사용할지에 대하여는 현장조건과 가격 등을 조사한 다음, KS F 2782(숏크리트용 급결제)의 품질규정을 만족하도록 결정하여 사용한다.

보강재인 경우는 철망이나 섬유가 이용되는데, 철망은 KS D 7017(용접철망 및 철근격자)에 강섬유는 KS F 2564(콘크리트용 강섬유)에 규정된 것으로서, 숏크리트 공법에 적합한 것을 선정하여 이용하도록 한다.

## 8.4 요구성능

숏크리트의 요구성능은 터널 및 지하공간, 법면보호, 보수·보강 등 적용대상 구조물의 목적 및 용도에 적합하도록 소요의 뿜어 붙이기 성능과 숏크리트의 초기, 장기강도 및 내구성능을 설정하여야 한다. 이때, 먼저 뿜어 붙이기 성능은 반발률 분진농도 및 초기강도로 설정할 수 있다. 단, 반발률과 분진농도의 관계가 분명한 경우는 표 1의 분진농도만으로 관리하고, 관계가 불명확하고 새로운 혼화재료를 사용하여 숏크리트를 시공하려고 할 경우에는 분진농도와 초기강도 이외에 뿜어 붙이기 성능의 하나로써 반발률의 상한치를 설정하여야 하는데, 일반적으로 20~30 %의 값을 표준으로 한다. 숏크리트의 초기강도 값은 표 2와 같다.

숏크리트에 보강섬유를 사용하는 경우의 성능으로는 초기 및 표준재령 강도 이외에 휨강도와 휨인성을 설정한다. 단, 보강섬유를 사용할 경우에는 섬유 뭉침 현상(Fiber ball) 및 노즐막힘 현상이 발생할 수 있으므로 이 점도 유의해야 한다.

숏크리트의 설계기준 강도는 재령 28일로 설정하는데, 그 값은 21 MPa 이상으로 한다. 단, 영구 지보재 개념으로 숏크리트를 타설할 경우에는 설계 기준강도를 35 MPa 이상으로 한다. 또한, 암반과 숏크리트 간의 부착강도는 1.0 MPa 이상이 되도록 관리한다. 기타 휨강도와 휨인성, 수밀성 및 장기내구성도 필요한 경우에는 목표 성능을 설정하여 그에 맞게 관리하면 된다.

표 1 분진농도의 표준값

| 환기 및 측정 조건 | 분진농도(mg/m$^3$) |
|---|---|
| · 환기조건: 갱내 환기를 정지한 환경<br>· 측정방법: 뿜어붙이기 작업개시 5분 후로부터 원칙으로 2회 측정<br>· 측정위치: 뿜어붙이기 작업 개소로부터 5 m지점 | 5 이하 |

표 2 숏크리트의 초기강도 표준값

| 재령 | 숏크리트의 초기강도(MPa) |
|---|---|
| 24시간 | 5.0~10.0 |
| 3시간 | 1.0~3.0 |

# 9 숏크리트(Ⅱ)

## 9.1 서언

이전 단원에서는 숏크리트의 정의, 분류, 자재 및 요구성능 등 기초적인 사항에 대하여 소개하였다. 이 단원에서는 전 단원의 연속으로 숏크리트의 제조 방법, 시공 및 품질관리 등 활용성에 대하여 콘크리트 표준시방서 내용을 참조하여 소개해 보고자 한다.

## 9.2 재조 방법

숏크리트를 제조하기 위해 먼저 배합설계가 필요하다. 숏크리트의 배합에는 기본적으로 다음과 같은 내용을 고려하여야 한다.

① 숏크리트의 적용 목적(터널 및 지하공간의 지보재, 법면 보호 및 보수·보강)
② 터널 및 지하공간에 적용할 때 숏크리트의 역할(영구 지보재 또는 임시 지보재)
③ 숏크리트의 타설 방법(건식 또는 습식)

아울러 숏크리트의 배합을 정할 때에는 보통 콘크리트와 동일하게 다음 항목을 선정한다.

① 굵은골재의 최대치수
② 잔골재율
③ 단위 시멘트량
④ 물·결합재비
⑤ 혼화 재료의 종류 및 단위량

단, 습식 방식에서 베이스 콘크리트를 펌프로 압송하는 경우 슬럼프는 120 mm 이상을 표준으로 한다.

또한, 섬유를 혼합할 경우에는 숏크리트에 섬유가 균일하게 분포할 수 있고(섬유뭉침, 노즐막힘 방지) 설계기준강도 및 휨인성을 만족할 수 있도록 섬유의 형상 및 혼입량 등을 결정하여야 한다.

숏크리트의 제조 설비로서 먼저, 분말상 급결제는 흡수를, 액상급결제는 분리를 방지할 수 있는 것이어야 한다. 또한, 섬유를 사용할 경우에는 섬유를 계량하기 위한 호퍼 및 자동계량기록 장치를 설치하여야 하는데, 계량 오차는 ± 3 % 이내이어야 한다. 기타 숏크리트를 제조하기 위한 설비로서 재료저장, 계량, 비비기 설비 및 뿜어 붙이기 장비는 적절한 정밀도의 것을 사용하여 소요의 성능을 발휘할 수 있도록 한다.

## 9.3 시공

숏크리트 작업개시 전에는 운반, 뿜어붙이기 작업 등에 관하여 미리 시공계획을 작성하고, 작업자의 안전과 관련한 안전 확보 계획을 수립한다. 숏크리트 작업시 대기시간은 건식의 경우는 45분 이내, 습식의 경우는 60분 이내로 하여야 하는데, 이때에는 대기온도가 중요하다. 즉, 32℃ 이상이 되면 건·습식 공히 뿜어붙이기를 할 수 없으며, 적절한 온도 대책을 세운 후 타설하는데, 숏크리트 재료의 온도도 10~32℃의 범위에 있도록 한 후 사진 1.과 같이 뿜어붙이기를 한다.

뿜어붙이기 전에 뿜어붙일 면의 사전처리로는 작업 중 낙하할 위험이 있는 들뜬 돌, 풀, 나무 등은 제거하고, 용수가 있는 경우는 배수 파이프나 배수 필터를 설치하는 등 적절한 조치를 취한다. 기타 뿜어 붙이는 면이 과도하게 흡수성인 경우는 물뿌림 등 조치가 필요하고, 비탈면이 동결되었거나, 빙설이 있는 경우는 녹인 후 습기를 제거한 다음 시공하며, 균열이 예상되는 넓은 면은 신축 이음으로 줄눈을 만들어 주어야 한다.

필요한 경우 철망 등 보강재를 설치할 경우는 망눈지름 5 mm 내외, 개구부 크기는 100×100 mm 또는 150×150 mm를 표준으로 하고, 뿜어붙임 면과 20 ~ 30 mm 간격으로 근접시켜 설치하며, 숏크리트 시공 시에는 철망 뒷부분까지 충분히 채워질 수 있도록 한다.

숏크리트용 재료의 운반은 가능한 빠르게 하고, 급결재 첨가 후에는 바로 뿜어붙이기 작업을 실시하여야 한다. 숏크리트 뿜어붙이기 시공(타설)과 관련하여 대표적으로 표준시방서에 규정되어 있는 작업의 일반과 아치 및 측벽부의 숏크리트 작업은 표 1과 같다.

## 9.4 현장품질관리

숏크리트에 사용하는 베이스 콘크리트의 품질검사에 관하여는 일반 콘크리트에 준하여 실시한다. 특별히 표준시방서에 규정된 숏크리트와 관련한 현장품질관리 사항은 표 2와 같다. 특히 숏크리트 작업을 실시하는 갱내 환경검사는 표 3과 같다.

사진 1 숏크리트 타설 모습

출처 : https://cafe.naver.com/tomokin

표 1 시방서에 규정된 타설

3. 타설

3.3.1 작업의 일반

(1) 숏크리트는 뿜어붙인 콘크리트가 흘러내리지 않는 범위의 적당한 두께를 뿜어붙이고 소정의 두께가 될 때까지 반복해서 뿜어붙여야 한다.

(2) 강재지보재(강지보재)를 설치한 곳에 숏크리트를 실시할 경우에는 뿜어붙일 면과 강재지보재와의 사이에 공극이 생기지 않도록 뿜어붙이고, 또한 숏크리트와 강재지보재가 일체가 되도록 주의하여 실시하여야 한다.

(3) 숏크리트 작업에서 반발량이 최소가 되도록 하고 동시에 리바운드된 재료가 다시 혼합되지 않도록 하여야 한다.

3.3.2 아치 및 측벽부의 숏크리트 작업

(1) 노즐은 항상 뿜어 붙일 면에 직각이 되도록 유지하고, 적절한 뿜어붙이는 거리와 뿜는 압력을 유지하여야 한다.

(2) 숏크리트는 뿜어붙인 콘크리트가 박리되거나 흘러내리지 않는 범위의 적당한 두께로 뿜어붙이고 소정의 두께가 될 때까지 반복해서 뿜어붙여야 한다.

(3) 강지보공을 설치한 곳에 뿜어붙이기를 할 경우에는 뿜어붙일 면과 강지보공과의 사이에 공극이 생기지 않도록 뿜어붙이고, 또한 숏크리트와 강지보공이 일체가 되도록 주의하여야한다.

(4) 숏크리트의 타설 작업은 하부로부터 상부로 진행하되 강지보재 부분을 먼저 타설하여 강지보재와 숏크리트의 일체성을 증진하여야 한다.

(5) 숏크리트의 1회 타설 두께는 100 mm 이내가 되도록 타설하고, 숏크리트와 지반과의 밀착은 물론 나누어 시공된 숏크리트 각 층 상호간도 밀착되도록 타설하여야 한다.

(6) 숏크리트 작업에서 반발량이 최소가 되도록 하고, 동시에 리바운드된 재료가 다시 혼입되지 않도록 하여야 한다.

(7) 작업장 주위의 조명은 충분한 조도를 유지하여야 하며 숏크리트 장비 작업원과 타설작업원간의 거리는 상호 수신호가 가능한 거리 이내이어야 한다.

(8) 숏크리트의 타설 작업을 할 때는 철망, 철근, 강지보재 등의 배면에 공극이 발생되지 않도록 하여야 하며, 철망과 철근은 숏크리트 타설로 인하여 이동, 진동 등이 생기지 않도록 고정하여야 한다.

(9) 시공된 숏크리트 면은 평탄하게 하되 각 경우별로 평탄성의 허용값을 설정하여 관리 할 수 있다.

(10) 숏크리트 타설 작업원은 골재의 반발이나 분진의 위해가 있을 경우에 대비하여 보호 장비를 착용하여야 한다.

3.3.3. 용수지역의 숏크리트 작업

<이하 생략>

표 2 숏크리트의 현장 품질관리 사항

<table>
<tr><th>종별</th><th colspan="2">관리항목</th><th>관리내용 및 시험</th><th>시험빈도</th><th>비고</th></tr>
<tr><td rowspan="4">일상 관리</td><td colspan="2">배합</td><td>배합비 및 사용량검사</td><td>타설할 때마다</td><td>현장배합시험을 기준</td></tr>
<tr><td colspan="2">시공상태</td><td>숏크리트의 부착, 성상, 반발, 분진발생 등의 관찰</td><td>타설할 때마다</td><td></td></tr>
<tr><td colspan="2">두께</td><td>핀 등에 의한 확인</td><td>타설할 때마다</td><td></td></tr>
<tr><td colspan="2">변상</td><td>변형 및 균열 등의 관찰</td><td>매일</td><td>현장계측결과에 따라 대책을 강구</td></tr>
<tr><td rowspan="3">정기 관리</td><td colspan="2">두께</td><td>숏크리트 두께의 검측</td><td>터널연장 20 m마다</td><td>아치부 5개소<br>측벽좌우 각 1개소</td></tr>
<tr><td rowspan="2">강도</td><td>재령 1일 강도</td><td>압축강도 시험</td><td>• 보거푸집<br>: 1회/200 $m^2$</td><td></td></tr>
<tr><td>재령 28일 강도</td><td>압축강도 시험<br>휨강도 및 휨인성시험<br>(보강섬유를 사용할 때)</td><td>• 보거푸집<br>: 1회/200 $m^2$<br>• 코어채취<br>: 1회/1,000 $m^2$</td><td>• 보거푸집<br>(KS F 2422)<br>• 직접코어채취<br>(KS F 2408, KS F 2566)</td></tr>
<tr><td rowspan="2">기타</td><td colspan="2">강도</td><td>단기재령 압축강도 시험<br>장기재령 압축강도 시험</td><td rowspan="2">• 공사 착수 전<br>• 골재원, 급결제 및 현장배합설계가 바뀔 때마다 1회<br>• 필요할 때마다</td><td>보거푸집<br>(KS F 2422)</td></tr>
<tr><td colspan="2">반발률</td><td>반발률 측정</td><td></td></tr>
</table>

주 1) 보강섬유를 사용할 경우 상기의 정기관리 품목 중 휨강도와 휨인성 시험을 실시하며 품질관리를 위하여 설계기준에서 구조물의 용도에 맞는 요구성능을 설정 만족하도록 하여야 한다.

표 3 숏크리트 작업 환경의 검사

| 항목 | 시험 및 검사 방법 | 시기 및 횟수 | 판정기준 |
|---|---|---|---|
| 갱내 환기를 실시한 경우의 분진농도 | 별도로 정하는 방법[1)] | 터널 굴착거리가 50 m 이상인 시점 및 그 이후의 시공 중의 소정의 빈도 | 3 $mg/m^3$ 이하 |

주 1) 갱내 환기를 실시한 경우의 분진농도 검사 방법은 콘크리트표준시방서 해설편을 참고하는 것으로 한다.

# 10 순환골재 콘크리트(Ⅰ)

## 10.1 서언

순환골재 콘크리트란 잔·굵은골재의 일부 혹은 전부에 순환골재를 사용하는 콘크리트를 말한다. 이중 순환골재(Recycled aggregate)란 「건설폐기물을 물리적 또는 화학적 처리과정 등을 통하여 순환골재 품질 기준에 적합하게 만든 골재」로 정의되고 있다. 따라서 이 단원에서는 콘크리트 표준시방서 중 순환골재 콘크리트(KCS 14 20 21)에 규정된 품질규정과 순환골재 제조에 필요한 유의사항 및 특징에 대하여 기술하고, 차기 단원에서는 순환골재 콘크리트의 제조와 시공 및 발전방향에 대하여 기술한다.

## 10.2 순환골재의 품질 규정

초창기에 현재의 순환골재는 재생골재라는 용어로 사용하였다. 그런데, 재생이라는 것은 품질이 나쁠 수 있기 때문에 재활용을 꺼리게 되는 사용자의 인식을 전환하기 위하여 20년 전에 개명한 것이다.

따라서 순환골재란 명칭을 사용하기 위하여는 반드시 표 1에 규정되어 있는 품질 및 표 2의 입도규정을 만족하여야 하고, 표 3의 규정과 같이 품질관리를 실시하여야 한다. 그러기 위하여는 폐콘크리트를 크러셔로 단순히 분쇄만 하여서는 곤란하고, 물리적 또는 화학적 처리과정을 통하여만 가능해진다. 물리·화학적 처리에 관한 사항은 특허 및 신기술 등으로 개발되고 있는데, 크게는 골재에 부착된 모르타르 제거 및 입형 개량 등 품질향상과 골재에 포함된 불순물의 제거가 핵심이다. 이 부분의 상세한 내용은 특허 및 신기술을 참조한다.

표 1 순환골재의 품질

| 구분 | | 순환 굵은골재 | 순환 잔골재 | 관련시험규정 |
|---|---|---|---|---|
| 절대 건조 밀도(g/cm$^3$) | | 2.5 이상 | 2.3 이상 | KS F 2503(굵은골재)<br>KS F 2504(잔골재) |
| 흡수율(%) | | 3.0 이하 | 4.0 이하 | |
| 마모감량(%) | | 40 이하 | - | KS F 2508 |
| 입자모양 판정실적률(%) | | 55 이상 | 53 이상 | KS F 2527 |
| 0.08 mm 체 통과량 시험에서 손실된 양(%) | | 1.0 이하 | 7.0 이하 | KS F 2511 |
| 알칼리 골재 반응 | | 무해할 것 | | KS F 2545 |
| 점토 덩어리 량(%) | | 0.2 이하 | 1.0 이하 | KS F 2512 |
| 안정성(%) | | 12 이하 | 10 이하 | KS F 2507 |
| 이물질 함유량 (%) | 유기 이물질 | 1.0 이하(용적) | | KS F 2576 |
| | 무기 이물질 | 1.0 이하(질량) | | |

## 10.3 순환골재 제조 시 유의사항 및 특징

순환골재는 표 1에 보는바와 같이 거의 천연골재에 준하는 품질을 규정하고 있다. 그렇지만 순환골재는 천연골재만큼 양호한 품질을 발휘할 수 없음에 다음과 같은 항목에 유의하여 제조 및 관리되어야 한다.

표 2 순환골재의 입도

| 체의 호칭 | | | 체를 통과하는 것의 질량 백분율(%) | | | | | | | | | | |
|---|---|---|---|---|---|---|---|---|---|---|---|---|---|
| | | | 40 mm | 25 mm | 20 mm | 13 mm | 10 mm | 5 mm | 2.5 mm | 1.2 mm | 0.6 mm | 0.3 mm | 0.15 mm |
| 순환 굵은 골재 | 최대 치수 (mm) | 25 | 100 | 95 ~ 100 | | 25 ~ 60 | | 0 ~ 10 | 0 ~ 5 | | | | |
| | | 20 | | 100 | 90 ~ 100 | | 20 ~ 55 | 0 ~ 10 | 0 ~ 5 | | | | |
| 순환 잔골재 | | | | | | | 100 | 90 ~ 100 | 80 ~ 100 | 50 ~ 90 | 25 ~ 65 | 10 ~ 35 | 2~ 15 |

표 3 순환골재의 품질관리 시기 및 횟수

<table>
<tr><th colspan="2" rowspan="2">항목</th><th colspan="2">시기 및 횟수</th></tr>
<tr><th>굵은골재</th><th>잔골재</th></tr>
<tr><td colspan="2">입도</td><td rowspan="7">공사 시작 전, 공사 중<br>1회/월 이상 및<br>산지(순환골재 제조전의<br>폐콘크리트)가 바뀐 경우</td><td rowspan="6">공사 시작 전, 공사 중<br>1회/월 이상 및<br>산지(순환골재 제조전의<br>폐콘크리트)가 바뀐 경우</td></tr>
<tr><td colspan="2">절대 건조 밀도</td></tr>
<tr><td colspan="2">흡수율</td></tr>
<tr><td colspan="2">입자모양 판정실적률</td></tr>
<tr><td colspan="2">0.08 mm체 통과량<br>시험에서 손실된 양</td></tr>
<tr><td colspan="2">점토덩어리량</td></tr>
<tr><td colspan="2">마모감량</td><td>해당사항 없음</td></tr>
<tr><td colspan="2">알칼리 골재 반응</td><td rowspan="2">공사 시작 전, 공사 중<br>1회/6개월 이상 및 산지가<br>바뀐 경우</td><td rowspan="2">공사 시작 전, 공사 중<br>1회/6개월 이상 및 산지가<br>바뀐 경우</td></tr>
<tr><td colspan="2">안정성</td></tr>
<tr><td rowspan="2">이물질 함유량</td><td>유기이물질</td><td rowspan="2">공사 시작 전, 공사 중<br>1회/월 이상 및 산지가<br>바뀐 경우</td><td rowspan="2">공사 시작 전, 공사 중<br>1회/월 이상 및 산지가<br>바뀐 경우</td></tr>
<tr><td>무기이물질</td></tr>
</table>

### (1) 커다란 품질변동

일반적으로 공산품을 생산할 경우에는 저품질일지라도 원자재의 품질이 변동 없이 일정한 상태를 유지하는 것이 중요하다. 그러나 순환골재의 생산에서는 반입되는 폐콘크리트 상태가 반입 루트에 따라 연질과 경질 및 다량의 불순물의 함유 등 편차가 크기 때문에 일정수준 이상의 폐콘크리트 원석으로 제조하여 품질변동을 줄이도록 하는 노력이 중요하다.

### (2) 밀도·흡수율 등 품질저하

폐콘크리트인 원석도 잔·굵은골재를 시멘트 풀로 굳힌 콘크리트이다. 즉, 원석에 포함된 잔·굵은골재는 문제가 없겠지만 시멘트와 물로 반죽된 시멘트 풀이 다공질 상이므로 문제가 된다. 따라서 시멘트풀이 문제이지만 크게는 시멘트 모르타르가 품질불량의 원인으로 모르타르분이 많을수록 밀도는 작고 흡수율이 큰 특징을 나타낸다. 즉, 원석 중 굵은골재에 붙어있는 모르타르를 어떤 방법으로 얼마만큼 제거하는가의 문제인 것이다. 따라서 모르타르의 제거 방법으로는 마모, 열처리, 화학적 용해 등이 있을 수 있다. 그러나, 어떤 방법이든 원석에 사용한 굵은골재가 25 mm라면 이론상으로는 굵은골재 최대치수가 25 mm인 순환골재의 제조가 가능하겠지만, 될 수 있으면 최대치수 20, 13 mm인 굵은골재 혹은 5 mm 이하의 잔골재로 제조할 때 모르타르의 제거가 용이하여 품질도 향상될 수 있는 것이다.

### (3) 다량의 이물질 함유량

순환골재를 제조할 경우에는 일반 부순골재의 생산라인에 반드시 이물질을 제거하는 설비를 추가하여야만 한다. 기본적으로 철근과 같은 금속재료는 전자석을 이용하고, 목재·스티로폼 등 가벼운 재료는 풍력 및 수중분리 선별로 이물질을 제거하지만 골재와 유사한 밀도인 폐유리, 타일, 슬레이트, 아스팔트 등은 선별이 곤란하다. 따라서 이런 경우는 반드시 분별해체를 도입하여 원초적으로 이물질이 함유되지 않도록 하는 것이 중요하다.

또한, 순환골재는 다량의 미립분이 존재하는 경우도 있다. 이런 경우는 부순잔골재 생산라인과 같은 형식으로 수중에서 분리한 다음 필터프레스 등을 이용하여 슬러지 상으로 만들어 배출하면 가능할 수 있다.

# 11 순환골재 콘크리트(Ⅱ)

## 11.1 서언

이전 단원에서는 순환골재 콘크리트에서 순환 골재의 품질규정, 순환골재 제조시 유의사항 및 특징에 대하여 소개하였다. 이 단원에서는 전 단원의 연속으로 순환골재 콘크리트의 제조와 시공 및 발전방향에 대하여 콘크리트 표준시방서 내용도 참조하여 소개해 보고자 한다.

## 11.2 순환골재 콘크리트의 제조 및 시공

양호한 순환골재는 레미콘용 골재로 거의 문제시되지 않는다. 그렇지만 콘크리트 표준시방서 상에는 사용강도 제한, 사용용도 제한 및 사용비율을 제안하고 있는데, 시방서에 규정되어 있는 내용은 표 1과 같다.

순환골재 콘크리트 시공과 관련하여 콘크리트의 운반, 타설, 양생, 현장 품질관리 등은 일반 콘크리트와 동일하게 적용하도록 표준시방서에 규정되어 있다.

## 11.3 순환골재 콘크리트에 대한 발전방향

### (1) 생산자의 품질향상

순환골재를 고부가치재인 콘크리트용 골재로 사용하기 위하여는 생산자의 품질향상이 선행되어야 한다, 즉, 앞 단원의 '순환골재의 유의사항 및 특징'에서 언급한 바와 같이 분별해체 및 생산설비 추가도입 등 품질변동을 줄이고, 밀도·흡수율 등의 품질을 향상시키며, 이물질 함유량을 줄이도록 노력하는 것이 기본이다. 순환골재는 가격이 저렴하다는 메리트가 있기 때문에 품질만 양호하게 확보된다면 사용하지 않을 이유가 없다.

표 1 KCS 14 20 21 순환골재 콘크리트의 배합에 관한 규정

2.2 배합

(1) 순환골재를 계량할 경우, 1회 계량 분량에 대한 계량오차는 ±4 %로 한다.

(2) 순환골재를 사용한 콘크리트의 설계기준 압축강도는 27 MPa 이하로 하며, 서중 및 한중 콘크리트를 제외한 특수콘크리트에는 사용하지 않는다.

(3) 순환골재를 사용한 콘크리트의 순환골재 사용비율은 표 2.2-1과 같다.

표 2.2-1 순환골재 사용비율

| 설계기준 압축강도 | 사용 골재 | |
|---|---|---|
| | 굵은골재 | 잔골재 |
| 27 MPa 이하 | 굵은골재 용적의 60 % 이하 | 잔골재 용적의 30 % 이하 |
| | 혼합사용 시 총 골재 용적의 30 % 이하 | |

(4) 순환골재를 사용하여 설계기준 압축강도 27 MPa 이하의 콘크리트를 제조할 경우 순환굵은골재의 최대 치환량은 총 굵은골재 용적의 60 %, 순환잔골재의 최대 치환량은 총 잔골재 용적의 30 % 이하로 한다.

(5) 순환골재를 혼합사용하여 설계기준압축강도 27 MPa 이하의 콘크리트를 제조할 경우에 사용되는 순환골재의 최대 치환량은 총 골재 용적의 30 %로 하며, (4)항의 순환골재별 최대 치환량 이내로 한다.

(6) 순환골재 콘크리트의 공기량은 보통골재를 사용한 콘크리트보다 1 % 크게 하여야 한다.

### (2) 다량 사용할 수 있도록 기술개발

현재의 순환골재는 대부분 성토·복토용 등 의무사용 외의 용도가 가장 많고, 의무 사용과 관련하여서는 도로기층 및 보조기층 등의 용도가 많다. 반면 고부가치인 콘크리트용 골재로는 2 %도 안되는 사용량을 보인다.

따라서 이의 사용량을 늘리기 위해서는 원석인 폐콘크리트의 경우 굵은골재 최대 치수보다 작게 하여 즉, 일반 레미콘에 25 mm 골재라면 57 골재인데, 5번인 13~25 mm 석산의 쇄석과 7번인 5~13 mm인 순환골재를 이용하는 것으로서, 이 경우는 그림 1 및 2와 같이 오히려 순환골재를 이용하면 강도증진에 도움이 될 수도 있다.

또한, 순환골재는 알칼리성을 띤다. 따라서 성토·복토 및 도로기층·보조기층 등에 사용할 경우는 토양오염 및 생태계 파괴 등에 위험요인이 존재할 수 있음에 고로슬래그 미분말 등 혼화재를 다량 사용하는 콘크리트 2차 제

품 제조 등에 활용하게 된다면 순환골재의 알칼리가 자극제가 되어 잠재수경성 반응 및 알칼리 활성 등에 의하여 강도 및 내구성에 유리하게도 작용될 수 있다.

### (3) 선도적 적용 및 홍보

2018년 개정된 국교통부의 '재활용 건축 자재 활용의 기준(국토부 고시 제 522호)'에는 표 2와 같이 재활용 건축자재를 활용하면 건축물의 용적률을 최대 15 % 까지 완화할 수 있도록 인센티브가 주어지고 있다. 그렇지만 양호한 순환골재 생산, 레미콘 제조 및 건축물에 적용에 이르기까지 일관되게 종합적으로 관리되지 않으면 실용화하기에는 요원할 수 있다. 따라서 이런 경우에는 어느 개인 또는 단체가 책임감을 가지고 피나는 노력으로 계속적으로 실용화시키도록 꾸준히 노력하고 그 효과를 홍보할 때 가능해질 수 있는 것이다.

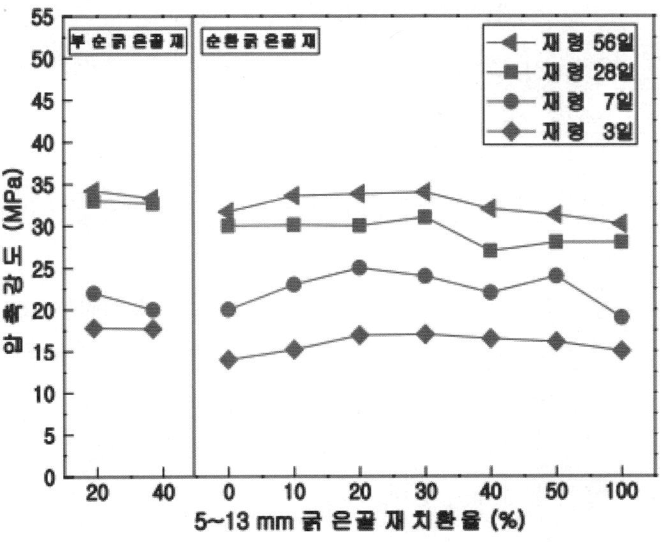


그림 1 5~13 mm 굵은골재의 치환사용에 따른 압축강도(W/C 50 %)

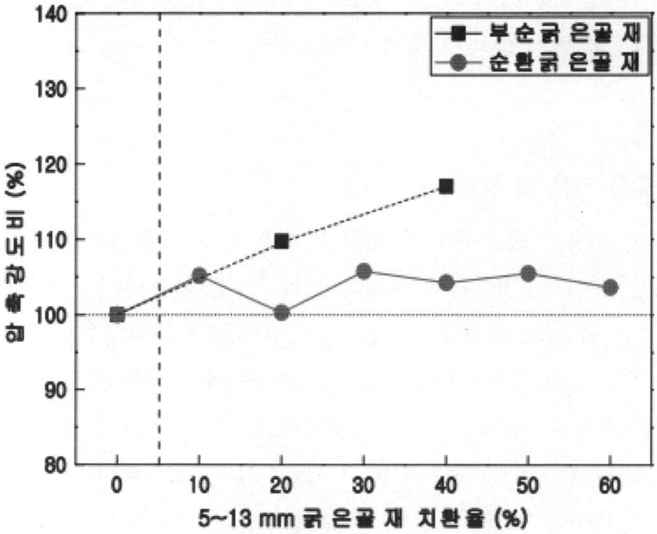


그림 2 5~13 mm 굵은골재의 치환율에 따른 압축강도비(W/C 50 % ; 재령 56일)

표 2 재활용 건축자재 사용량에 따른 용적비율 완화적용

| 재활용 건축자재 사용량의 용적비율 | 기준완화 적용범위 |
|---|---|
| 15 % 이상 사용의 경우 | 5 퍼센트 |
| 20 % 이상 사용의 경우 | 10 퍼센트 |
| 25 % 이상 사용의 경우 | 15 퍼센트 |

마침 사진 1과 같이 한국건설기술연구원에서 실용화시킨 사례가 보도되고 있는 것은 매우 고무적인 일이다. 따라서, 이와 같은 것에 탄력을 받아 전국적으로 순환골재가 일반적으로 사용될 수 있도록 함으로써 골재 절대량 부족 문제도 해결하고, 원가절감 및 품질향상도 가능할 수 있는 일석 3조 이상의 효과를 기대해 본다.

사진 1 순환골재 콘크리트 실용화 시공현장

출처 : 한국건설신문, '순환골재콘크리트'국내 건축물 본격 실용화, 2021.06.28.일자

# 12 해양 콘크리트(Ⅰ)

## 12.1 서언

해양 콘크리트란 해중이나 해상, 해안에서 시공하는 콘크리트를 말한다. 대표적인 해양 콘크리트 구조물은 해상도시, 해상공항, 해상발전소, 해저 저유탱크, 해저 거주기지, 선박 정박시설, 도크, 해저 터널, 해상교량, 방파제, 계선안 및 해안제방 등이다. 특히 육상구조물 중에도 해풍의 영향을 많이 받는 구조물은 해양 콘크리트로 취급하게 된다. 따라서 이 단원에서는 콘크리트 표준시방서 중 해양 콘크리트(KCS 14 20 44)에 규정된 내용을 중심으로 해양 콘크리트와 관련한 용어, 시공의 일반적인 주의사항, 자재에 대하여 소개하고, 다음 단원에서는 해양 콘크리트의 배합 및 시공에 대하여 소개하고자 한다.

## 12.2 해양 콘크리트의 관련 용어

해양 콘크리트는 바다와 인접한 것으로 일반 콘크리트와 다르게 특수한 용어를 사용한다. 먼저 해상부와 해안지역의 정의는 그림 1과 같다. 즉, 호안 구조물과 같은 해안보전시설이 설치되어 있는 경우에는 이를 경계로 해안선으로 정의하고, 해안 보전시설이 없을 경우에는 지형도의 만조면을 기준으로 한 육도상을 해안선으로 한다.

또한, 해상부 구조물인 경우에는 내구성적인 고려에서 해수접촉과 연관하여 그림 2와 같이 해상 대기중, 물보라 지역, 간만대 및 해중의 4개 지역으로 구분하여 관리하고 있다.

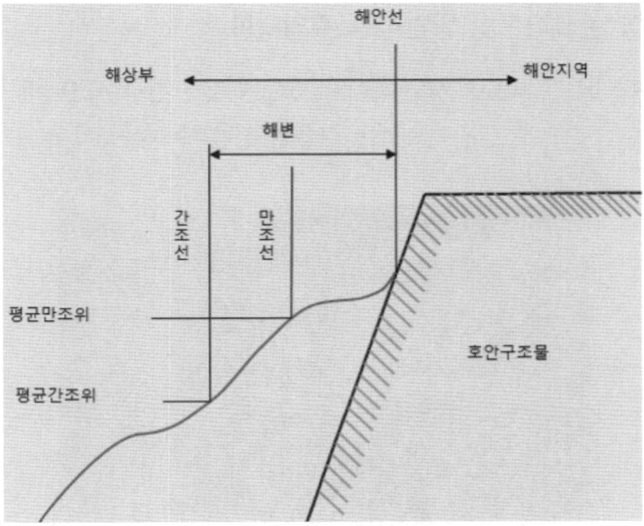


그림 1 해상부 및 해안지역의 정의

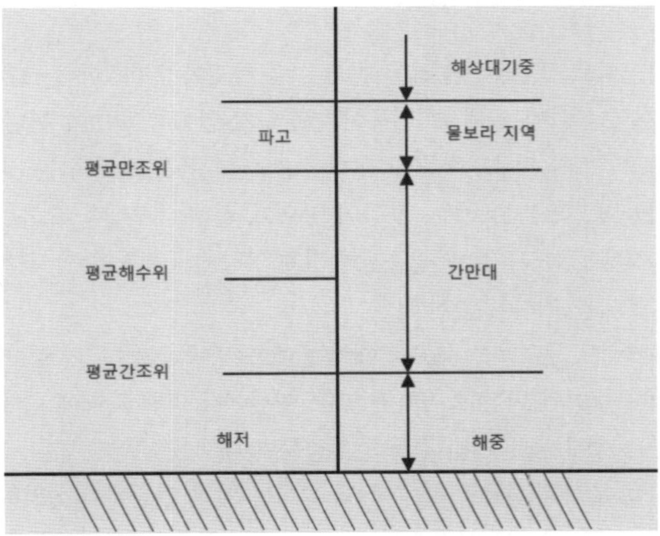


그림 2 해상부 구조물의 해수접촉 구분

## 12.3 해양 콘크리트의 일반적인 주의사항

해양 콘크리트는 바다와 연관하여 시공하는 것인 만큼 사진 1과 같은 피해를 입을 수 있으므로 일반적으로는 다음과 같은 주의사항이 필요하다.

사진 1 해양 콘크리트 염해 모습

출처 : 울산항만공사 공식블로그

해양 콘크리트 구조물은 염해를 받기 쉬운 환경이기 때문에 콘크리트의 열화 및 강재의 부식에 의해 그 기능이 손상되지 않도록 하여야 한다. 강재의 방식은 콘크리트의 피복두께를 크게 하는 것, 균열폭을 작게 하는 것, 적절한 재료와 시공 방법을 사용하는 것 등이 있으며, 장기 내구성을 요하는 중요한 구조물인 경우는 콘크리트의 성능저하 방지와 강재의 부식을 방지할 수 있는 추가적인 조치를 취하여야 한다.

해양 콘크리트 구조물을 시공할 때에는 해풍, 파랑, 조류 등의 영향 및 선박의 항행이나 주변의 어장에 미치는 영향, 야간이나 악천후 때에 항행 선박으로부터 받는 장애 등을 미리 검토하여 충분한 대책을 세워야 한다. 프리캐스트 콘크리트 부재를 사용할 경우에 그 설치는 차기 단원에서 설명하는 시공 중 「3.2 운반」에 따라야 한다.

해양 콘크리트 구조물을 시공할 때에는 해수의 오탁을 일으키지 않는 공법을 적용하여 해양오염, 생태계에 나쁜 영향이 미치지 않도록 환경보전에 주의하여야 한다.

## 12.4 자재

### (1) 시멘트

해양 콘크리트에 이용하는 시멘트는 해수의 작용에 대하여 내구적이어야 하므로 KS L 5201의 보통 포틀랜드 시멘트 또는 중용열 포틀랜드 시멘트에 KS L 5405의 플라이애시, KS F 2563의 고로슬래그 미분말 등의 혼화재료를 혼합하여 사용하거나 KS L 5210의 콘크리트용 고로슬래그 시멘트, KS L 5211의 플라이애시 시멘트 등 혼합 시멘트를 사용하여야 한다.

단, 해수에 의한 침식이 심한 경우에는 시멘트 콘크리트 이외에도 폴리머 시멘트 콘크리트와 폴리머 콘크리트 또는 폴리머 함침 콘크리트 등을 사용할 수 있다.

### (2) 골재

골재는 깨끗하고, 단단하며, 내구적이고 적당한 입도를 가지며 먼지, 흙, 유기불순물, 염분 등의 유해물이 허용치 이상 함유해서는 안 된다. 특히 얇은 석편, 부서지기 쉬운 것, 결이 있는 것, 강도가 낮은 것, 흡수량이 큰 것 및 팽윤성이 있는 것 등은 내구성이 좋지 않은 골재이므로 사용할 수 없으며, 해수는 알칼리골재반응의 반응성을 촉진하는 경우가 있으므로 충분한 검토를 하여야 한다.

특히, 해양 콘크리트에 사용하는 고로슬래그 굵은골재는 일반 콘크리트(KCS 14 20 10)의 굵은골재에 해당하는 품질 이상을 갖춘 것을 사용하여야 하며, 경량골재의 품질은 경량골재 콘크리트(KCS 14 20 20)의 구성재료 품질규정을 만족시키는 것이어야 하고, 내마모성 및 내동해성도 검토하여야 한다.

### (3) 강재

강재는 KS D 3504, KS D 7002 등 KS에 적합한 것이어야 한다. 특히 해양 환경에서 강재는 염화물의 작용을 받아 부식되고 동시에 반복응력을 받는 강재는 피로강도가 크게 저하되므로 PS 강재와 같은 고장력강에 작용응력이 인장강도의 60 %를 넘을 경우 응력부식 및 강재의 부식피로를 검토하여야 한다.

#### (4) 혼화재료

해양 콘크리트에 사용하는 혼화재료는 일반 콘크리트 공사{KCS 14 20 10(2.1.5)}의 규정에 적합한 것을 사용하여야 한다.

#### (5) 재료품질관리

재료의 품질관리로서 콘크리트 구성재료, 배합, 콘크리트 제조설비, 철근 등에 대한 품질관리는 특별한 규정이 없는 경우 일반콘크리트의 재료품질관리{KCS 14 20 10(2.3, 2.4)} 및 철근 공사 중 철근 및 용접철망의 저장, 에폭시 도막 철근의 저장{KCS 14 20 11(2.3, 2.4)의 규정에 따른다.

사진 1 해양 콘크리트의 시공 모습

출처 : ㈜해양수중공사 홈페이지

# 13 해양 콘크리트(Ⅱ)

## 13.1 서언

이전 단원에서는 해양 콘크리트와 관련한 용어, 일반적인 주의사항 및 자재에 대하여 소개 하였다. 이번 단원에서는 전 단원의 연속으로 해양 콘크리트의 배합 및 시공에 대하여 콘크리트 표준시방서 내용을 참조하여 소개해 보고자 한다.

## 13.2 배합

기본적인 콘크리트의 배합설계는 2021년 2월에 개정된 표준시방서에 따른다. 즉, 배합강도는 구조계산에서 정해진 설계기준 압축강도($f_{ck}$)와 내구성 설계를 반영한 내구성 기준 압축강도($f_{cd}$)중에서 큰값인 품질기준강도($f_{cq}$)를 정한 다음 여기에 기온 보정강도 값($T_n$)을 더한 후 현장 콘크리트의 품질변동을 반영하여 품질기준강도보다 더 크게 정하여진다. 해양 콘크리트 배합설계도 예외일 수 없는데, 설계기준 압축강도($f_{ck}$)는 논외로 하고 내구성에 의해 정해지는 경우 해양환경과 관련한 노출범주 및 등급은 표 1, 내구성 확보를 위한 요구조건으로 강도와 물 결합재비 등은 표 2와 같다.

단위 결합재량을 크게 하면 해수 중의 각종 염류의 화학적 침식, 콘크리트 속의 강재 부식 등에 대한 저항성이 커진다. 따라서 단위 결합재량은 구조물의 규모, 중요성 및 환경조건 등을 고려하여 소요의 내구성이 얻어지도록 정해야 한다.

해양환경에 있는 철근콘크리트 및 프리스트레스트 콘크리트 구조물에서 내구성으로 정해지는 단위결합재량은 표 3의 값 이상으로 하여야 한다. 그러나 단위결합재량이 너무 많으면 얇은 단면과 두꺼운 단면일 경우 각각 건조수축과 수화열에 의한 온도응력으로 인하여 콘크리트에 균열이 발생할 가능성이 커지므로 주의하여야 한다.

공기연행 콘크리트의 공기량은 콘크리트 공사 일반에서 규정한 일반콘크리트에 따른다.

표 1 노출범주 및 등급

| | | | |
|---|---|---|---|
| ES<br>(해양 환경, 제설염 등 염화물) | ES1 | 보통 정도의 습도에서 대기 중의 염화물에 노출되지만 해수 또는 염화물을 함유한 물에 직접 접하지 않는 콘크리트 | • 해안가 또는 해안 근처에 있는 구조물<br>• 도로 주변에 위치하여 공기 중의 제빙화학제에 노출되는 콘크리트 |
| | ES2 | 습윤하고 드물게 건조되며 염화물에 노출되는 콘크리트 | • 수영장<br>• 염화물을 함유한 공업용수에 노출되는 콘크리트 |
| | ES3 | 항상 해수에 침지되는 콘크리트 | • 해상 교각의 해수 중에 침지되는 부분 |
| | ES4 | 건습이 반복되면서 해수 또는 염화물에 노출되는 콘크리트 | • 해양 환경의 물보라 지역(비말대) 및 간만대에 위치한 콘크리트<br>• 염화물을 함유한 물보라에 직접 노출되는 교량 부위<br>• 도로 포장<br>• 주차장 |

표 2 내구성 확보를 위한 요구조건

| 항목 | | ES<br>(해양환경, 제설염 등 염화물) | | | |
|---|---|---|---|---|---|
| | | ES1 | ES2 | ES3 | ES4 |
| 내구성 기준압축강도 $f_{cd}$ (MPa) | | 30 | 30 | 35 | 35 |
| 최대 물-결합재비[1)] | | 0.45 | 0.45 | 0.40 | 0.40 |
| 최소 단위 결합재량 (kg/m³) | | 표 3. {KCS 14 20 44 (2.2)} | | | |
| 최소 공기량(%) | | - | | | |
| 수용성 염소이온량<br>(결합재 중량비 %)[2)] | 무근 콘크리트 | - | | | |
| | 철근 콘크리트 | 0.15 | | | |
| | 프리 스트레스트 콘크리트 | 0.06 | | | |
| 추가 요구조건 | | KDS 14 20 50 (4.3)의 피복두께 규정을 만족할 것. | | | |

주 1) 경량골재 콘크리트에는 적용하지 않음. 실적, 연구성과 등에 의하여 확증이 있을 때는 5% 더한 값으로 할 수 있음.

2) KS F 2715 적용, 재령 28일~42일 사이

표 3 내구성으로 정해지는 최소 단위 결합재량(kg/㎥)

| 환경구분 \ 굵은골재의 최대 치수(mm) | 20 | 25 | 40 |
|---|---|---|---|
| 물보라 지역, 간만대 및 해양대기중 (노출등급 ES1, ES4) | 340 | 330 | 300 |
| 해중 (노출등급 ES3) | 310 | 300 | 280 |

## 13.3 시공

해양 콘크리트 시공과 관련한 표준시방서 규정은 표 4와 같다.

표 4 해양 콘크리트 시공에 관한 시방서 규정

3.1 시공일반

(1) 해양 구조물은 시공이 불충분하거나 불량한 곳으로부터 열화가 쉽게 진행되므로 균일한 콘크리트를 얻을 수 있도록 타설, 다지기, 양생 등에 특히 주의하여 시공하여야 한다.

(2) 해양 구조물은 시공이음부를 둘 경우 성능 저하가 생기기 쉬우므로 될 수 있는 대로 피하여야 한다. 특히 만조위로부터 위로 0.6 m, 간조위로부터 아래로 0.6 m 사이의 감조부분에는 시공이음이 생기지 않도록 시공계획을 세워야 한다.

(3) 간만의 차가 너무 커서 콘크리트를 1 회 타설하는 높이가 매우 높은 경우나 기타 부득이한 사정으로 시공이음을 피할 수 없는 경우에는 KCS 14 20 10(3.6)의 규정에 따르며 내구성에서 결점이 되지 않도록 충분한 조치를 강구하여야 한다.

(4) 콘크리트가 충분히 경화되기 전에 해수에 씻기면 모르타르 부분이 유실되는 등 피해를 받을 우려가 있으므로 직접 해수에 닿지 않도록 보호하여야 한다. 이 기간은 보통포틀랜드 시멘트를 사용할 경우 대개 5일간이며, 고로 슬래그 시멘트 등 혼합시멘트를 사용할 경우에는 이 기간을 설계기준압축강도의 75 % 이상의 강도가 확보될 때까지 연장하여야 한다.

(5) 강재와 거푸집판과의 간격은 소정의 피복을 확보하도록 하여야 한다. 간격재의 개수는 기초, 기둥, 벽 및 난간 등에는 2개/㎡ 이상, 보 및 슬래브 등에는 4개/㎡ 이상을 표준으로 한다.

3.2 운반

(1) 프리캐스트 콘크리트 부재를 설계하고 시공할 때 부재를 소정의 위치에 설치하기 위하여 운반 내지 예항할 때는 기상 조건, 해상조건 및 해상교통의 상황 등을 사전에 조사하여 시공기계에 여유를 두어 안전한 시공이 되도록 하여야 한다.

(2) 운반하거나 예항할 때 작용하는 하중에 대해 프리캐스트 부재가 안전하고 손상을 받지 않도록 이들 하중을 설계조건에 고려하여야 하며, 긴급한 상황일 때의 대피방법과 대피장소도 미리 고려하여 시공의 안정성을 확보하여야 한다.

(3) 프리캐스트 부재를 설치할 장소의 지반은 소요의 내하력을 가지며 평탄해야 하므로 이를 위하여 미리 토사치환에 의한 지반개량, 사석 고르기, 수중콘크리트 시공 등을 실시하며, 또한 능력이 충분한 시공기계, 잠수부 등을 확보하여 소요의 정밀도를 얻을 수 있도록 하여야 한다.
(4) 해상공사에서 프리캐스트 콘크리트 부재를 연결하는 방법은 육상공사에 비해 어렵고 연결부는 약점이 되기 쉬우므로 가능한 한 해상에서 연결하는 작업을 줄일 수 있도록 구조물 형식을 택하거나 충분한 내수성, 내염성을 가진 접합 방법을 사용하여야 한다.

3.3 타설
(1) 콘크리트 공사일반의 타설에 따른다.

3.4 양생
(1) 콘크리트 공사일반의 양생에 따른다.

3.5 현장 품질관리
(1) 콘크리트 시공 등이 부적절하면 해수에 의한 콘크리트의 열화나 철근부식으로 연결될 우려가 있으므로 특별한 규정이 없는 경우 콘크리트 공사일반의 현장품질관리의 해당 규정에 따른다.
(2) 해양 콘크리트 구조물은 통상의 검사에 추가하여 콘크리트 표면의 균열 검사를 꼼꼼히 실시하여 유해한 균열이 발생한 경우에는 적절한 조치를 취하여야 한다.

# Ⅳ 레미콘 품질관리

# 1 레미콘 8·5제에 관한 대책

## 1.1 서언

레미콘 8·5제란 레미콘 운송조합원들이 레미콘 에지테이터 트럭의 운행을 오전 8시부터 오후 5시까지만 실시하여 법정 근로시간인 8시간을 준수하고자 하는 준법투쟁이다. 이와 같이 하나의 흐름이 바뀌게 되면 그것에 따르는 대책을 수립해야 하는데, 시행이 상당히 지났음에도 별다른 대책이 없는 것같아 이 단원에서는 나름대로 생각되는 레미콘 8·5제 대책에 대하여 기술해 본다.

## 1.2 제도의 취지

종전의 레미콘 운반은 아침 일찍부터 시작하여 밤늦은 시간까지 계속되었다. 그러나 전국 레미콘 운송총연합회에서는 오전 8시부터 오후 5시까지만 운송함으로써 저녁이 있는 삶의 실현을 위해 준법투쟁을 벌이고 있는 것이다. 즉, 레미콘 운송업체 입장에서는 "타 건설장비보다 근무여건이 열악한 것을 개선하고, 레미콘 덤핑 근절, 불량시공을 없애기 위한 최소한의 조치"라고 홍보하고 있다.

물론, 인간의 존엄성과 관련 법정근로시간 준수라는 관점에서는 환영해야 할만한 일이다. 그러나, 건설업의 특수성을 고려할 필요도 있고, 또한, 연관제도의 개선을 검토한 후 시행되었으면 하는 아쉬움이 있지만, 이왕 실시되고 있는 현실이라면 다음과 같은 후속조치가 요구된다.

## 1.3 8·5제에 대한 대책

### (1) 타설가능 콘크리트량 확대 대책

#### 1) 레미콘 유동성 향상

레미콘이 현장에 반입될 수 있는 절대시간이 줄어듦으로써 절대적인 레미콘 타설가능 물량이 축소된다. 따라서 빠른 제조, 빠른 운반 및 빠른 타설로 능률을 향상시킬 필요가 있다. 그러나, 제조 및 운반시간은 어쩔 수 없다면 빠른 타설이 필요한데, 종전의 슬럼프 180 mm 이하의 보통 콘크리트보다는 유동성을 210, 230 mm로 높인 중유동(준고유동) 콘크리트의 보급이 요구되고, 고유동 콘크리트의 도입도 검토될 만하다.

2) 반입 레미콘사 다수확보

현재의 콘크리트 표준시방서에는 단일 구조물, 동일공구에는 하나의 레미콘사를 이용하도록 규정되어 있다. 그러나 8·5제 시행으로 이 규정을 지킬 수 없게 된다면, 재료통일과 배합통일 방법 등으로 2개사 이상의 레미콘을 혼합하여 타설하는 것이 가능하도록 하여야 하고, 또한 시방서 규정도 개정할 필요가 있다.

3) 펌프카 및 타설작업 조의 증가

정해진 시간범위 내에서 많은 양의 레미콘이 반입되어야만 하는 상황이므로 작업능률 향상을 위하여 펌프카의 대수를 증가하고, 그에 따른 작업조도 늘려서 편성하여야만 한다.

### (2) 타설가능 콘크리트량 축소 대책

1) 분할타설 구획증가 고려

하루에 타설할 수 있는 물량이 축소됨에 따라 시공계획을 변경하는 것이다. 즉, 하루타설 가능량에 맞춰 시공이음 계획을 수립하고 축소된 물량에 대응하는 것이다.

2) VH 분리타설 공법도입

종전의 콘크리트 타설은 수직부재(Vertical)와 수평부재(Horizontal)를 동시에 타설하던 방법이었다. 그러나 타설가능 물량이 줄어들었음에 적은 물량, 적은 시공 작업조를 효율적으로 이용하는 방법으로 기둥(벽) 거푸집 조립과 철근배근후 콘크리트를 타설한 다음, 수직부재 거푸집을 탈형 인근 작업장으로 이동하고, 이번에는 수평거푸집을 설치하고 철근배근후 수평

부위 콘크리트를 타설한 다음, 수평거푸집을 탈형하여 인근 작업장으로 이동하는 VH 분리타설 공법을 적용하면 바람직한 대책이 될 수 있다.

#### 3) PC부재를 도입하는 RC 적층공법 도입

선진국의 경우는 아파트 등 건설공사에 공장에서 부재를 제작하는 프리캐스트 콘크리트(Precast concrete)공법을 도입하고 있다. 우리나라도 넓은 지하주차장의 경우 많은 건설사에서 도입하고 있는데, 기둥 및 보와 아울러 슬래브의 절반PC(Half PC)를 조립한 다음 절반의 슬래브 철근 배근후 기둥과 보의 접합부 및 절반의 슬래브를 일체로 콘크리트를 타설하는 RC 적층공법을 도입하여 현장 콘크리트 타설물량을 줄이는 것이다.

### (3) 기본방법에서의 고려

#### 1) 특수한 상황의 예외인정

일반 기업체 회사에서도 8시간 근무가 기본이긴 하지만 특별한 상황에서는 야간에도 근무할 경우가 있다. 이와 마찬가지의 개념에서 기초 매트 매스콘크리트와 같이 대량의 콘크리트를 1박2일 타설하는 상황이라던가, 장비고장, 강우 등 특별한 사정으로 예정 타설물량을 소화하지 못하는 상황에서는 예외를 적용할 필요가 있다.

#### 2) 자율주행 차량개발 및 로봇 시공

아직은 미래의 일일 것이지만 레미콘 운반트럭이 운전사 없이 자율주행하고, 로봇에 의해 콘크리트 타설이 진행될 것으로 예측된다. 그렇게 되면 8·5제는 의미 없는 것이 될 수도 있다.

### (4) 품질 대책

#### 1) 재료분리 방지

타설물량을 증가시키기 위하여 유동성을 향상시키면 당연히 재료분리는 용이하게 발생된다. 따라서 이와 같은 경우는 재료 및 배합적인 측면에서 재료분리 방지대책의 고려가 요구된다.

2) 침하 및 소성수축 균열방지

콘크리트의 유동성이 증가하고 타설시간이 단축되면 모든 콘크리트 작업은 서두르게 된다. 이렇게 되면 당연히 마감가능 시간까지 기다리지 못함에 따라 침하 및 소성수축균열이 증가할 수 있는데, 응결시간을 과학적으로 예측하고, 표면마감시간 및 양생방법을 효율적으로 관리하여 균열발생에 효과적으로 대응해야한다.

3) 시공조인트의 품질저하 방지대책

8·5제로 1일 타설물량이 축소되면 종전보다 더 많은 시공조인트가 발생한다. 따라서 시공조인트에서 균열, 방수, 내구성저하 등 결함이 발생하지 않도록 대책을 강구할 필요가 있다.

(5) 기타 대책

1) 타 작업 및 공정에 미치는 영향의 고려

레미콘 운반이 8·5제로 변동되면 당연히 펌프카, 다짐, 마감 등도 이에 따르게 되고, 연관하여 타워크레인, 철근, 거푸집 공사에도 영향이 미칠 것이며, 기타 모든 건설공사가 이에 맞춰짐에 따라 공기지연 및 공사비 증가가 고려되어져야 할 것이다.

2) 안전관리비 및 품질관리비의 증가

짧은 시간에 많은 양의 콘크리트가 타설되고, 여러 공정이 중첩되면 당연히 안전관리비도 증가하고, 품질관리비도 상승할 수밖에 없다.

3) 분양가 상승 등 공사비 증가

8·5제 시행은 공사기간 연장 및 건설공사의 원가를 증가시키는 요인이 된다. 따라서 아파트 등은 분양가의 상승 등 공사비의 증가로 이어질 수밖에 없다.

# 2 나무성장의 힘에 대한 고려

## 2.1 서언

일상을 살다보면 생각하지도 않은 일에 깜짝 놀라는 경우가 있다. 건축물 주위에 또는 건물옥상에 나무와 같은 식물이 자라는 경우가 있는데, 그 성장력은 상상 이상일 경우가 있다. 따라서, 만약 이를 간과할 경우에는 큰 낭패를 볼 수 있으므로 이 단원에서는 그 내용과 관련한 것에 대하여 소개해 보고자 한다.

## 2.2 앙코르와트의 나무

캄보디아에는 세계 7대 불가사의 중 하나로 대표적 관광지인 앙코르와트가 있다. 12세기 초 수르야바르만 2세에 의해 축조된 사원이라고 하지만, 인류 역사에는 흥망성쇠(興亡盛衰)가 있는 법인지라 왕조가 멸망한 뒤 오랜 기간 동안 밀림에 묻혀 있다가 1960년대에 새롭게 발견되었다.

그런데 앙코르와트를 관광해 본 사람이라면 누구나 알 수 있겠지만 보존상태가 좋지 못하고, 허물어진 유적지도 있어 이를 볼 때에는 안타까움을 금할 길이 없다. 많은 유적이 허물어진 이유로서 사원주변에 들어선 고급호텔의 지하수 남용을 탓하는 경우 등 여러 가지를 들고 있지만, 일부는 나무의 성장에 따른 원인도 있다. 즉, 석조사원 인근에 커다란 나무뿌리가 성장하면서 기초를 들어 올림으로서 구조물이 변형을 일으킨 후 붕괴까지 이르게 되는 사례이다.

사진 1은 앙코르와트 동쪽에 위치한 주변 유적으로 따프름(Ta Prohm)의 불교사원 유적지의 일례이다. 이 경우는 용수(溶樹)라고 하는 열대교목으로 새의 분뇨 속에 씨앗이 섞여 나무가 옮겨 자라났을 것으로 추정되는데, 나무의 뿌리가 쇠락한 따프롬 사원을 감싸고 있는 모습은 기묘한 신비감을 연출한다. 그런데 만약 이와 같은 나무뿌리가 콘크리트 구조물 하부에서 성장하면 어떠할까?

사진 1 따프롬 사원에서

## 2.3 나무주변의 피해

상기의 나무뿌리 성장에 따른 구조물 피해로는 오랜 역사를 갖는 곳에서 가끔 발견되고 있다. 사진 2는 필자가 속해있는 대학교의 강의실 옆 나무주위에 벽돌로 쌓아 마련한 벤치이다. 즉, 오래된 버즘나무(일명 플라타나스)의 뿌리가 성장하면서 그 성장력으로 조적된 벽돌이 들어 올려짐으로써 벽돌벤치가 파괴된 모습을 볼 수 있다. 또한, 사진 3의 경우는 도시의 가로수로서 기울어진 줄기는 차량 안전에 위험을 가하고 있고, 도로면도 들고 올라와 보행자의 안전을 위협하고 있다. 사진 4의 경우는 포장된 도로에서 나무뿌리의 힘으로 아스콘이 들려 올라와 파괴된 모습을 보여주고 있다.

사진 2 벽돌조적 벤치의 파괴

사진 3 기울어진 가로수 및 인도파괴

사진 4 아스콘 도로의 솟아오름

## 2.4 옥상녹화에서의 방근

최근에는 친환경 건축과 관련하여 건축물의 옥상을 녹화하는 경우가 많아졌다. 옥상을 녹화하면 도심 속 생태계 복원, 열섬현상 완화, 공기 정화, 휴식공간 제공, 건축물의 단열 등 수많은 이점이 있다.

따라서, 옥상을 녹화하면서 방수도 이룰 수 있는 옥상녹화 방수가 있는데, 이때는 내하중성, 수밀성, 내약품성 등에 대한 검토와 아울러 방근성을 사진 5와 같이 검토하여야 한다. 만약 방근을 고려하지 않고 옥상녹화를 실시하게 되면 사진 6과 같이 방수층을 수목의 뿌리가 관통하여 누수피해를 가져올 수 있다.

## 2.5 결언

이상에서 알아본 바와 같이 나무성장 과정에서의 힘은 상상을 초월하는 경우가 많다. 콘크리트 구조물을 들어 올려 부동침하, 균열 및 파괴에 이르기까지도 한다. 따라서 콘크리트 구조물 주위에 나무를 심을 경우에는 식물의 종류를 고려하고, 뿌리성장에 따른 구조체 상승피해, 직접적인 나무줄기 성장에 따른 벽체 밀려짐 등의 피해가 예상되므로 이를 방지할 수 있을 만큼 안전하게 이격시켜 식재하도록 해야 한다. 또한, 옥상녹화인 경우는 방수층의 뿌리관통과 관련한 방근대책에 대하여도 충분히 고려하여야만 한다.

사진 5 중량형 옥상녹화 사례

출처: 건축재료학, 기문당

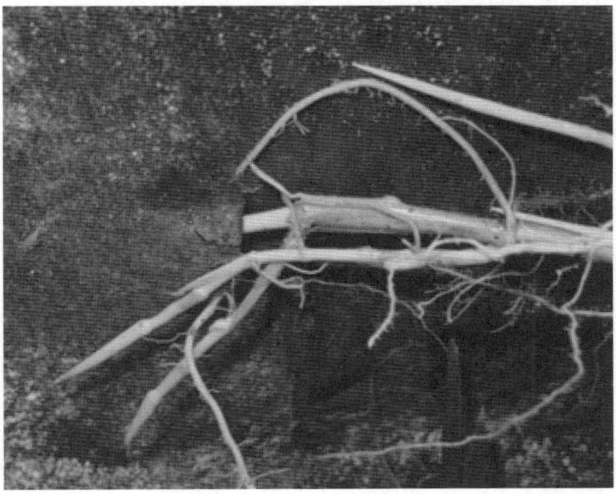

사진 6 식물뿌리의 도막 방수층 관통

출처: 건축재료학, 기문당

# 3 오래 비우면 집이 망가진다

## 3.1 서언

일반적으로 장기간 외출 등으로 집을 비우거나 혹은 『서울 ○○빌딩 붕괴 위험』 건물과 같이 진단을 이유로 거주민을 대피시키면서 집을 오랫동안 비우게 되면 집이 망가지게 된다. 그 이유가 무엇인지, 이 단원에서는 그 원인을 기술해 보도록 한다.

## 3.2 선팽창계수 차이

어떤 일에 문제가 발생한 것의 교훈을 남의 사례로 예를 들어보는 것도 좋지만, 본인이 직접 경험한 것을 예로 들면 작은 사례일지라도 울림이 더욱 크게 느껴진다.

필자는 2018년 11월 20일부터 12월 20일까지 1개월 간 부부동반으로 독일을 여행한 적이 있다. 그런데, 모든 주부들이 그렇듯이 주택인 경우 에너지 절약 목적으로 20℃로 관리하던 보일러 난방을 완전히 끄거나 외출로 놓게 되는데, 우리 집인 경우는 안전을 위하여 10℃로 낮추어 놓고 다녀오게 되었다. 한 달 간 여행을 마치고 귀국하여 제일 먼저 실내 온도부터 20℃로 올리고 쌓여진 먼지부터 털어내는 청소를 실시하였다.

1층인 바닥층은 내가 청소를 하였는데 별 문제가 없었다. 그러나 2층 방을 청소하고 외부에 면한 발코니를 청소하던 아내로부터 다급한 소리가 들려왔다. 큰일났으니 빨리 올라와 보란 것이었다. 1층을 청소하던 일손을 멈추고 황급히 2층 발코니로 향했다.

집을 지은 지 35년이 지나면서 이제까지는 아무런 문제가 없었는데, 한 달 간 집을 비운 사이에 사진 1과 같이 100 × 200 mm 타일이 2개소에서 솟아 올라 박리되었고, 작은 망치를 이용해 타일을 두드리는 타진법으로 부착 여부를 조사해 보니 발코니에 70~80 %가 통통 소리를 내며 떠있는 것을 알게 되었다.

사진 1 타일의 솟아오름 박리 모습

그렇다면 어떤 원인으로 타일의 솟아오름 박리가 나타났을까? 답은 자명하다. 20℃로 유지되던 실내를 10℃로 낮춤에 따라 발생한 것이다. 즉, 콘크리트의 선팽창계수는 $1\times10^{-5}$/℃로 슬래브 콘크리트가 일정량 줄어드는데 비해 타일의 선팽창계수는 $0.6\times10^{-5}$/℃ 전후로서 콘크리트의 60 % 정도밖에 줄어들지 않음에 따라 콘크리트의 열 수축 응력이 타일을 솟구치게 하며 박리되도록 만든 것이다.

물론 타일의 솟아오름 박리의 최종원인은 온도 변화에 따른 선팽창계수 차이에 의한 것에서 나타났지만, 그 이전에는 타일을 붙인 바탕 콘크리트의 건조수축으로 타일에 프리스트레스와 같은 크리프(Creep) 응력이 작용하여 타일 박리의 추가 원인이 된 것으로 추측된다. 참고로 건조수축에 관한 유사한 사례로는 마루판의 솟아오름 박리로 제Ⅱ권 Ⅱ-20{바닥 마루판의 솟아오름(팽창박리)}에서도 기술한 바 있다.

이번의 타일 솟아오름 박리인 경우는 추운 겨울의 경우이고, 여름을 상정해 보자. 일반적인 각종 재료의 선팽창계수는 표 1과 같은데, 빈집이 되어 외기온에 따라 온도가 올라가는 상황이면 선팽창계수가 콘크리트보다 작은 경우는 수축 응력이 작용하여 문제가 없을 수 있지만, 콘크리트보다 선팽창계수가 큰 재료인 플라스틱계 타일이나 플라스틱 마감재인 경우는 팽창을 일으켜 타일이 부풀어 올라 떨어지는 모습이 나타날 수 있고, 주변이 구속되어 있는 유리의 경우는 균열 및 파손이 발생할 수도 있게 된다.

참고로 일본의 최장 현수교(약 4 km)인 명석해협대교의 경우 여름철에는 주탑부에서 에어콘을 가동하여 메인 케이블을 감싼 케이싱에 찬공기를 불어넣어 주어 일정한 온도로 관리하고 있는 것을 본 적도 있다.

표 1 각종 재료의 선팽창계수

| 재료의 종류 | | 선팽창계수($\times 10^{-5}$/℃) |
|---|---|---|
| 콘크리트·시멘트 모르타르 | | 1.0 |
| 금속재료 | 철근(강) | 1.0 ~ 1.2 |
| | 구리 | 1.7 |
| 석재 | 화강암 | 0.8 |
| | 대리석 | 0.5 ~ 1.4 |
| 점토제품 | 타일 | 0.6 |
| | 벽돌 | 0.5 |
| 목재 | | 0.4 ~ 0.5 |
| 유리 | 보통유리 | 3 ~ 6 |
| | 강화유리 | 7.5 |
| 플라스틱 | | 5 ~ 8 |

## 3.3 동결에 따른 동파

항아리 속에 담겨진 물이 겨울에 얼면 항아리가 깨진다. 이유는 물이 동결할 경우 5각형 물분자가 6각형으로 변하면서 9 %(약 10 %)의 체적팽창을 일으키기 때문이다. 겨울철 집을 비우면서 난방배관 및 상하수도 등에 물을 빼면 문제는 없겠지만, 그렇지 않으면 물이 들어있는 모든 배관이 얼어 터질 수 있고, 양변기 등 위생도기나 세탁기 등 생활용품에도 파손을 일으킬 수 있으며, 화장실에 도기질 타일의 박락, 표면박리(사진 2 참조) 등의 피해를 일으킬 수 있다.

사진 2 도기질 타일 표면 박리

### 3.4 습도에 의한 피해

인간이 생활하는 실내는 수시로 환기를 해주면서 일정온도뿐만 아니라 일정 습도로 유지하게 된다. 그러나 겨울이든 여름이든 구별 없이 집을 장기간 비우게 되면 기본적으로 환기가 되지 않으면서 건축물 실내 모서리나 외벽 등에는 결로 등을 포함하여 습도가 높아지게 된다. 그렇게 되면 벽지가 변색, 탈락하거나 심한 경우는 곰팡이가 발생하게 된다. 곰팡이는 실내 마감재를 못쓰게 하지만, 높아진 습도는 구조체 콘크리트의 경우 중성화촉진 및 철근부식을 유도하고, 목재면의 경우는 팽창변형 및 나아가서는 부패되고, 흙인 경우는 팽윤 등의 피해로 구조체의 내력을 저하시킨다.

### 3.5 기타 피해

장기간 집을 비우게 되면 온습도 및 동결에 의한 피해 이외에도 바퀴벌레, 개미 등 곤충에 의한 피해, 쥐의 침입에 의한 피해가 있을 수 있다. 더욱 극단적인 경우로는 사람이 살림을 포기한 집에는 야생 강아지, 고양이의 서식지 외에도 불량청소년의 아지트가 되기도 하고, 노숙인의 거처로 되기도 하는데, 때로는 불을 피우는 과정에서 잘못하면 화재로 이어지기도 한다.

### 3.6 결언

옛말에 소탐대실이란 말이 있다. 즉, 작은 것을 탐내다가 오히려 더 큰 것을 잃을 수 있다는 격언이다.

짧게 든 혹은 길게 든 집을 비우고 외출, 여행 등을 할 경우 또는 건축물을 진단할 경우에 냉난방비를 절약할 목적으로 냉난방을 완전히 끄거나 외출로 하는 경우가 있는데, 이 경우는 각별히 조심할 필요가 있다. 즉, 봄, 가을은 피해가 적을 수 있지만, 특히 겨울이나 여름철의 경우는 재료의 선팽창계수, 건조수축, 동결, 습도변화 등에 의해 집이 망가질 수 있으므로 냉·난방을 끄지 않고 생활환경을 그대로 유지하는 것이 경제적일 수 있다.

# 4 하자에 대한 책임전가 문제

## 4.1 서언

우리말에 잘못은 제가 저질러 놓고 도리어 남에게 화를 낸다는 뜻으로「똥 싼 놈이 화낸다」라는 속담이 있다. 꼭 맞는 비유는 아닐지라도 레미콘 시공 후 콘크리트에 결함이 생긴 경우, 레미콘 생산자와 시공자 간에 이와 비슷한 상황이 발생하는 경우도 있다. 따라서 이 단원에서는 이와 같은 상황이 발생된 사례를 소개함으로써 재발 방지에 기여하도록 한다.

## 4.2 사건의 발생 및 전개

최근 연도에 발생한 일로서, 국내 A 레미콘 사에서는 모 건물 주차장과 진입로 공사에 25-24-120(굵은골재 최대치수 25 mm-호칭강도 24.0 MPa-슬럼프치 120 mm)레미콘 246 $m^3$(레미콘 41대)를 납품한 후 B 건설사가 타설 및 마무리 시공을 실시 한 바 있다. 그런데 한번의 겨울이 지난 시점에서 타설된 콘크리트 표면이 벗겨지는 등 문제점이 발견되어 건축주 C는 B에게 피해복구를 요구함에 B는 A를 상대로 피해복구를 요구했지만, A가 응하지 않음에 따라 B는 A에게 손해배상을 청구하는 소송을 법원에 제기하게 되었다.

대략적인 실태조사는 자체적으로 콘크리트 표면에 슈미트 해머법에 의한 비파괴 시험을 실시한 결과 14.7 MPa(호칭강도의 61.25 %)로 호칭강도 24.0 MPa보다 작게 발휘되었고, 법원 감정인이 사건 현장에서 코어 9개소를 채취하여 압축강도를 시험한 결과 21.04 MPa(87.67 %)로 감정된 상황이었다.

단, 레미콘 타설 당시 납품된 레미콘에서 시료를 채취하여 공시체를 제작한 다음 수중에서 28일간 표준양생한 공시체의 압축강도는 28.6 MPa(119.2 %)로 합격이 판정된 상황이었다.

그러나, 이와 같은 상황에 대하여 법원의 판사인 경우 콘크리트 품질문제에는 비전문가이므로 국내 저명학회로 사실조회를 요청하게 되었는데 학회로부터 위임받은 해당 전공 교수는 내용을 잘 알고 옳게 판단할 수 있었겠지만, 확인차 자문을 요청하여 필자가 내용을 파악하게 되었다.

사진 1 코어채취모습

출처 : 충남일보 Times (http://www.chungnamilbo.com)

## 4.3 결과분석 및 고찰

일반적으로 책임소재는 결합을 발생시킨 자가 책임을 지게 된다. 남이 잘못한 것을 내가 책임지는 것은 가슴 아픈 일이고, 내가 잘못한 것을 남에게 책임을 떠넘기는 것은 비굴한 것이다. 건설공사에도 마찬가지인데, 각 단계별 책임한계를 정리하면 그림 1, 2와 같다.

결국, 레미콘 생산자는 레미콘 공장에서 콘크리트를 제조한 후 레미콘 운반트럭(에지테이터 트럭)에 실어 건설공사 현장에 납품하게 되는데, 납품 시점에서 주문자(시공자)는 인수검사를 하여 그 결과 합격이면 받아들이지만, 불

합격이면 되돌려 보내는 반품 처리를 하게 된다. 이때 슬럼프, 공기량, 염화물량 및 배합사항 등은 즉시 검사가 가능하여 합격 여부가 납품지점에서 즉시 판단되지만, 호칭강도에 해당하는 압축강도는 납품시 공시체를 제작하고, 28일간 수중양생한 다음 압축강도를 시험하여 평가받게 되는 것이다. 레미콘의 책임소재 여부는 여기서 판가름 나는 것으로 상기의 경우는 28.6 MPa인 합격판정을 받았다. 따라서 레미콘의 책임은 없는 것이 되었다. 물론 구조체로서 9개소의 코어 압축강도도 21.04 MPa로 87.67 %로 85 % 이상을 상회하고 1개라도 75 % 이하는 없는 결과임으로 콘크리트 표준시방서상 합격으로 평가받을 수 있는 결과이다.

그러나, 스케일링 동해를 일으킨 것은 표면부의 상황으로 슈미트 해머로 비파괴 시험한 결과 14.7 MPa라고 하니, 결국 타설된 콘크리트의 경우 재료분리를 일으켜 표면부만 극단적으로 강도가 낮아진 것인데, 정상적이라면 25-24-120으로 슬럼프치가 120 mm라면 약간의 재료분리로 강도 저하가 있을 수 있지만 14.7 MPa까지는 저하하지 않는다. 결국, 구조체는 21.04 MPa이고, 표면부가 14.7 MPa라고 하면 시공자의 엄청난 가수 혹은 잘못된 표면마감 등으로 재료분리를 일으켰다는 것으로, 결국 표면층의 스케일링 동해는 압축강도와 연관이 있어, 강도가 낮음에 따라 스케일링 동해가 발생하게 된 것이다.

특히, 심각한 동결융해 작용이 발생하는 환경에서는 표 1, 2와 같이 비와 동결에 노출되는 수평 콘크리트 표면인 EF3로 압축강도 30 MPa 이상 혹은 물·결합재비 0.45(45 %) 이하로 설계되어야 하나 그렇지 못하였음에 설계상에도 문제가 있는 것이다.

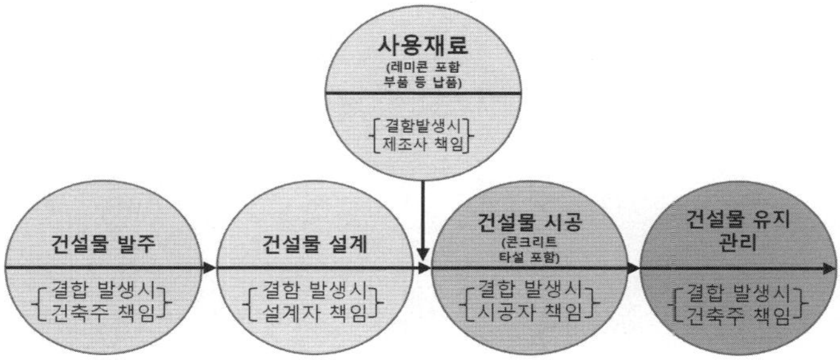


그림 1 각 단계별 책임한계

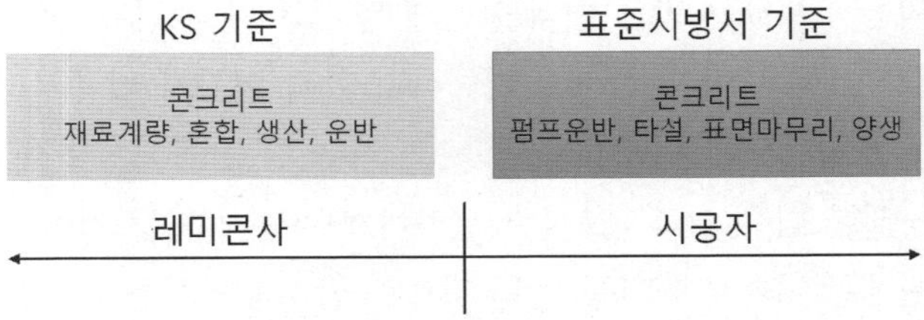


그림 2 콘크리트 품질의 책임

## 4.4 결언

결국, 건물 주위의 주차장으로 25-24-120이 설계된 경우에서 발생한 스케일링 동해는 기본적으로 건축주가 돈을 아끼기 위하여 낮은 강도로 설계를 요청하였다면 건축주 책임, 설계자가 건축주와 무관하게 잘못 알아서 낮은 강도를 설계하였다면 설계자 책임이 된다. 그리고 시공과정에서 이상 없이 납품된 레미콘에 가수 등 잘못된 시공으로 재료분리가 발생하여 표면 부분만 낮은 강도가 발휘되어 스케일링 동해가 발생하였다면 시공자의 책임인 것이다. 결국, 건축주, 설계자는 빠져나가고 잘못의 책임이 되는 시공자는 갑을(甲乙) 관계라는 우월적 지위에서 레미콘사에게 손해배상을 청구하고 있는 소송사건이니 더 구체적인 속내는 알 수 없지만 드러난 상황만으로 판단하면 결국 똥싼놈이 화내는 격으로 본인이 잘못한 것을 레미콘사에게 책임을 전가하려는 어처구니없는 상황인 것이다.

표 1 노출범주 및 등급

| 등급 | 조건 | 예 |
|---|---|---|
| EF1 | 간혹 수분과 접촉하나 염화물에 노출되지 않고 동결융해의 반복 작용에 노출되는 콘크리트 | • 비와 동결에 노출되는 수직 콘크리트의 표면 |
| EF2 | 간혹 수분과 접촉하고 염화물에 노출되며 동결융해의 반복작용에 노출되는 콘크리트 | • 공기 중 제빙화학제와 동결에 노출되는 도로 구조물의 수직 콘크리트 표면 |
| EF3 | 지속적으로 수분과 접촉하나 염화물에 노출되지 않고 동결융해의 반복작용에 노출되는 콘크리트 | • 비와 동결에 노출되는 수평 콘크리트의 표면 |
| EF4 | 지속적으로 수분과 접촉하고 염화물에 노출되며 동결융해의 반복작용에 노출되는 콘크리트 | • 제빙화학제에 노출되는 도로와 교량 바닥판<br>• 제빙화학제가 포함된 물과 동결에 노출되는 콘크리트 표면<br>• 동결에 노출되는 물보라 지역(비말대) 및 간만대에 위치한 해양 콘크리트 |

표 2 내구성 확보를 위한 요구조건

| 항목 | (EF)동결융해 | | | |
|---|---|---|---|---|
| | EF1 | EF2 | EF3 | EF4 |
| 내구성 기준 압축강도 $F_{cd}(MPa)$ | 24 | 27 | 30 | 30 |
| 최대 물-결합재비[1)] | 0.55 | 0.50 | 0.45 | 0.45 |

1) 경량골재 콘크리트에는 적용하지 않음. 실적, 연구성과 등에 의하여 확증이 있을 때에는 5 % 더한 값으로 할 수 있음

# 5 카더라 콘크리트( I )

## 5.1 서언

「카더라」를 인터넷에서 검색하면 위키백과에 "「카더라」는 '00가 ~라고 하더라' 식으로 정확한 근거가 부족한 소문을 추측 사실처럼 전달하거나, 그런 소문을 의도적으로 퍼트리기 위한 행위, 추측성으로 만들어진 억측 또는 소문을 말한다."라고 되어있다.

얼마 전 지인으로부터 문자를 받은 적이 있다. 내용인 즉 코로나 19 바이러스에 된장찌개나 된장국에 포도주 두 순갈을 타서 먹으면 몸속에 강한 방어벽이 형성되어 어떤 바이러스 균도 다 사라진다고 한다. 나는 식품학자도, 의학자도 아니므로 이 내용이 옳고 그름과 관련하여서는 뭐라고 할 말이 없다. 독자분들의 판단에 맡길 따름이다. 그런데, 어제 저녁 집사람이 친정 쪽 지인들을 만나고 와서 나에게 묻는다. 요즘같이 추운 겨울철에는 콘크리트에 소금을 넣고 타설하면 좋다고 하던데(카더라) 괜찮은 것이냐고? 따라서 이 단원에서는 콘크리트에 소금을 넣는 것에 대하여 알아보고, 차기 단원에서는 유사한 내용을 계속적으로 소개해 보고자 한다.

## 5.2 콘크리트 공사에 소금

지금부터 50년 전인 1970년대 건축공학과에서 배우는 교과서에는 겨울철 한중 콘크리트 시공의 경우 동결온도를 낮추고 빨리 강도를 내는 것으로 염화칼슘($CaCl_2$), 소금(NaCl), 간수($MgCl_2$) 등을 주성분으로 하는 방동제가 기술되어 있었다. 이와 관련하여 몇 년 전 일이지만, 인근 도시 교육청에 내진 자문위원으로 참여한 적이 있는데, 50년 정도 된 학교건물의 콘크리트를 진단한 결과 많은 경우에서 결함이 발견되었지만, 특히 구조체 콘크리트에 염화물이 허용치를 벗어난 것이 보고되었다. 충청 내륙지역에 위치하고 있으므로 바닷모래를 이용할 리는 만무라서 왜 그런 결과가 나왔는지 젊은 진단자는 의아해 했었다. 그래서 필자는 조심스럽게 손을 들고 건설 당시의 상황을 추론하여 다음과 같이 설명하여 주었다. 즉, 그 경우는 아마도 개학을 앞둔 학교건물 공사로서 한중 콘크리트로 진행할 수밖에 없었음에 콘크리트의 동결에 따른 초기동해를 방지하기 위해 소금을 이용했을 것이라고 설명하자 참석자 모두는 그럴 수 있겠다고 공감하며 동의한 바 있다.

## 5.3 내한제 개발 및 염화물 규정

또한, 필자의 경우 겨울철 한중콘크리트에 사용할 수 있는 내한제를 개발할 때의 연구로서 외국의 사례를 검토한 적이 있다. 특히 대표적으로 추운 지역으로 중국의 하얼빈 지역을 들 수 있는데, 한·중·일 국제 세미나에서 중국의 모 교수가 -20 ℃에서도 아무런 조치 없이 콘크리트를 타설할 수 있다고 자랑하기에 그럼 그 방동제 좀 샘플을 달라고 하여 연구실에 가져와 실험에 이용한 적이 있다. 동결온도도 낮추고 조기강도도 잘 내고 좋은 점은 분명히 있었다. 그러나 염화물 함유량을 측정해 본 결과 염화물 측정기의 눈금이 없어 더 이상 가리키지 못할 정도로 엄청난 염화물이 측정되었다.

그도 그럴 것이 당시 중국의 경우 건조 환경에 놓이는 구조체의 경우는 시멘트량에 1 %까지 염화물을 허용하여 일례로 콘크리트 1 m$^3$에 시멘트를 300 kg 사용하는 경우라면 3 kg까지 허용하는 것으로서 현재 우리나라 레미콘의 0.30 kg/m$^3$보다 훨씬 많은 량을 허용하는 것이니까 가능할 수 있었을 것이라고 추측되었다. 물론 이와 같은 규정은 미국이나 유럽의 경우도 유사하게 존재하여 1980년대 말~1990년대 초 우리나라 분당 등 신도시 건설 당시 바닷모래를 씻지 않고 사용함으로써 아파트들이 사회적으로 문제가 된 적이 있었는데, 그 당시도 이와 같은 외국 규정을 인용하여 문제가 없는 것이 되었고, 그 이후 우리나라도 2009년 개정된 콘크리트 표준시방서의 경우 표 1 과 같이 레미콘과 같은 굳지않은 콘크리트 중에는 전염화물 이온량이 원칙적으로 0.30 kg/m$^3$ 이하로 규정되어 있었지만, 재령 28일이 경과한 굳은 콘크리트의 수용성 염화물량인 경우, 특히 건조한 상태이거나 습기로부터 차단된 콘크리트(실내 구조물 콘크리트)는 시멘트 질량에 대하여 1.0 %까지 허용하고 있다.

표 1 굳은 콘크리트의 최대 수용성 염소이온 비율

| 부재의 종류 | 콘크리트속의 최대 수용성 염 소이온량 [시멘트 질량에 대한 비율(%)] |
|---|---|
| 프리스트레스트 콘크리트 | 0.06 |
| 염화물에 노출된 철근 큰크리트 | 0.15 |
| 건조한 상태이거나 습기로부터 차단된 철근 콘크리트[1)] | 1.00 |
| 기타 철근 큰크리트 | 0.30 |

주 1) 외부 대기조건에 노출되지 않고 습기로부터 차단된 건조한 상태의 실내 구조체 콘크리트

그렇다면 소금인 NaCl을 넣어도 되는 것처럼 오해할 수 있는데, 물론, 허용범위 내에서는 문제가 없을 수 있다. 그러나, 허용범위를 초과하게 되면 염화물인 경우는 동일한 콘크리트에서 철근부식이 방지될 수 있는 조건에서도 철근 부식이 진행되어 염해 내구성에 문제가 될 수 있고, 또한 나트륨인 경우는 콘크리트의 암이라고 불리는 골재 주위에서 시멘트, 소금 등에 함유된 Na, K 등 알칼리가 물과 함께 실리카를 용해시켜 골재 주위에 반응 생성물을 만들어 콘크리트를 팽창시켜 균열 및 붕괴를 유발하는 알칼리골재반응으로 내구성을 크게 저하시킬 수 있다.

따라서 이런 경우 최근에는 Na 대신 칼슘, 염화물 대신 질산화물로 콘크리트에 피해가 없는 아질산 칼슘{$Ca(NO_2)_2$} 혹은 질산칼슘{$Ca(NO_3)_2$}을 원료로 하고 기타 첨가물도 혼합하여 내한제라고 하여 판매 및 이용되고 있다. 필자의 경우도 아질산 칼슘을 물에 녹이는 기존의 내한제와 달리 자동차에서 사용 후 버려지는 폐부동액에 녹이는 내한제를 개발하여 특허를 출원한 적도 있다.

## 5.4 결언

결론적으로 염화물이 함유된 바닷모래를 씻지 않고 사용하면 사진 1과 같이 20년도 안 된 아파트를 헐고 다시 지어야만 하는 사례가 발생할 수 있고, 씻지 않은 바닷모래를 유통시키다가 구속되어 법의 처벌을 받은 바도 있는 것처럼, 대책 없이 콘크리트에 소금을 혼입시키는 것은 엄격하게 국가규정으로 막고

있는 것이다. 따라서, 요즘과 같은 시대의 건설공사에서 아무 대책 없이 콘크리트에 소금을 넣는 「카더라」와 같은 행위는 국가규정 위반행위로서 절대 하지 말아야 함을 명심할 필요가 있다.

만약 초기 동해가 우려되는 콘크리트 시공이라면 가열 보온양생, 아질산칼슘계 내한제 이용도 있지만 우리나라 실정에 저렴하고도 간단한 방법으로 이중 버블시트 피복에 의한 단열보온 양생이 좋을 수 있음에 이를 권하고 싶다.

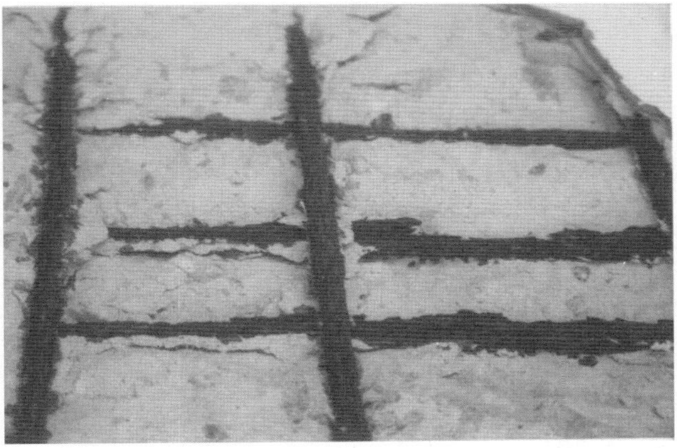

사진 1 씻지 않은 바닷모래 사용으로 철근이 부식된 모습 (20년 경과된 아파트 벽체)

# 6 카더라 콘크리트(Ⅱ)

## 6.1 서언

하나의 주제에 대하여 일부분만 소개하면 부족한 부분이 있어 아쉽게 느껴진다. 따라서 이 단원에서는 전 단원의 콘크리트에 소금을 넣는 「카더라 콘크리트(Ⅰ)」에 이어 콘크리트에 설탕 혹은 생석회를 넣는 「카더라 콘크리트(Ⅰ)」에에 대하여 추가적으로 소개함으로써 더이상 국내에서 어이없는 품질문제가 발생하지 않도록 하고자 한다.

## 6.2 콘크리트에 설탕?

얼마 전 연구실에서 가정주부라고 하는 분으로부터 전화를 받은 적이 있다. 현재 자기가 단독 주택을 건설중에 있는데, 꿈에 돌아가신 어머님이 나타나 "네가 짓고 있는 집의 콘크리트에 설탕을 넣어라"라고 하여 어쩔 수 없어 설탕을 조금 넣었다고 하면서 문제가 없겠냐고 물어왔다.

필자가 이십여 년 전 설탕을 베이스로 하는 초지연제를 개발하여 콘크리트가 굳는 시간차를 이용하여 기초의 두께가 두꺼운 매스콘크리트의 수화열을 콘트롤하는 특허 및 신기술을 발표한 적이 있다, 그런데, 언론에서는 이와 같은 것의 상세한 내용보다는 사진 1과 같이 설탕 콘크리트 개발로만 보도하다 보니 그 내용을 본 사람은 모든 콘크리트에 설탕을 넣으면 좋은 줄로 오인될 수 있는 것이었다.

전화를 걸어온 사람에게 설탕을 넣은 콘크리트 부분에 별다른 문제는 없느냐고 물어보니 괜찮다고 한다. 상징적으로 극소량을 넣은 것 같아 다행히 문제가 없었지만, 만약 그 양이 많아졌다면 콘크리트가 굳어지는 것이 늦어지고, 아주 심하면 영원히 안 굳을 수도 있으니 이후로는 절대 설탕과 같은 이물질을 넣으면 안 된다고 설명해 주었다.

사진 1 설탕 콘크리트 소개 언론 보도

## 6.3 콘크리트에 생석회?

또 따른 「카더라」콘크리트로 한국 건축구조기술사회에 국내 모 지역 경찰청으로부터 자문 의뢰된 사건이 있었다. 즉, 노출 콘크리트로 설계된 건축물에 사진 2와 같은 팝아웃(Pop-out) 현상으로 콘크리트가 떨어져 나오고, 강도도 설계기준 압축강도의 절반밖에 안 되어 정밀안전진단 결과 E 등급을 받게 되었으므로, 결함 원인구명 및 결함 발생시점을 묻는 것이었다. 마침, 재료적 문제가 가장 중요한 사항이므로 구조기술사회로부터 감정 의뢰를 받아 현장을 방문하고 보고서를 작성해준 바 있다.

문제는 '노출 콘크리트에 면을 잘 나오게 하고, 균열을 없애기 위하여는 콘크리트에 생석회를 넣으면 된다' 라고 하는 「카더라」를 듣고 레미콘 트럭 1대당 생석회 2포(20 Kg) 씩을 넣었다고 현장소장이 진술하고 있다. 물론 학문적으로 콘크리트의 팽창재로는 CSA계, 석고계 등 에트린가이트 생성에 의한 것이 있는데 KS L 5217 (팽창시멘트)에는 K, M, S 형으로 구분되어 있다. 일본의 경우는 우리와 달리 생석회계로서 수산화칼슘 생성에 의해 팽창을 유도하는 O형도 있다.

사진 2 OO시설 Pop-out 모습

단, 일본의 경우 생석회계 팽창재는 석회석과 기타 화합물을 고온으로 소성하여 미소하게 분산된 생석회(CaO)를 간극질이 감싸주게 제조하여 정확하게 7일 전후에서 팽창을 일으키도록 제조한 것이다. 그렇기 때문에 생석회계 팽창재와 아무 대책 없이 팽창하는 생석회는 다른 것이다. 특히 프리믹스 등 충분히 혼합되도록 하여 믹서에서 혼합하는 방식과도 달리 재료분리만 방지되도록 한 에지 테이터 트럭에서 혼합하여 거푸집 안에 콘크리트를 부어넣게 되었는데, 겉보기에는 잘 분산된 것처럼 보일지라도 실제는 작은 덩어리 형태로 뭉쳐져 있기 마련이다. 따라서 큰 덩어리로 물이 닿는 조건으로 표면에 위치하면 조기에 팽창하여 Pop-out이 발생하였지만, 작은 덩어리로 내부에 위치한 경우는 9년, 10년이 되어도 계속적으로 Pop-out이 발생하고, 경우에 따라서는 구조물이 존재하는 한 Pop-out이 발생할 수 있고, 또한 내부 팽창력에 따른 조직 파괴로 압축강도까지도 낮아진 상태인 것이다. 건물 준공 후 10년도 안 된 상태에서 「카더라」를 믿은 것 때문에 해체 후 재시공해야만 하는 안타까운 상황인 것이다.

또 다른 피해 사례로는 시멘트를 운반하는 탱크로리 트럭(BCT)에 생석회를 운반한 후 께끗이 청소하지 않고 플라이애시를 운반한 적이 있다. 당연이 플라이애시 중에 생석회가 덩어리져 일부 포함될 수 있는데, 이것으로 제조된 레미콘을 공항 활주로에 시공한 적이 있는데, 유감스럽게 생석회가 몰려있는 부분에서 Pop-out이 발생하게 되었다. 따라서 경미한 부분에서는 보수 후 사용하였지만 심한 부분에서는 사진 3과 같이 바닥을 컷팅 후 모두 제거한 후 재시공하는 등 엄청난 피해가 발생한 사례가 있다.

사진 3 Pop-out 부분 컷팅 후 제거하는 도습

## 6.4 결언

결론적으로 「~ 카더라」의 경우 완전히 무관한 경우도 있지만, 일부분은 의미가 있는 경우도 있는데, 선무당이 사람 잡는다는 옛말과 같이 어설픈 적용은 구조물 전체를 망칠 수도 있다. 따라서 누가 「~ 카더라」라고 하는 경우 무시하는 것이 큰 피해를 막을 수 있지만, 꼭 검토해서 적용할 필요가 있는 경우라면 국내 관련 전문가로 많은 경험을 갖은 사람에게 자문을 받음으로써 충분히 검증 및 확인이 된 상태에서 활용토록 하는 신중한 자세가 필요하다.

# 7 황달에 안약을?(Ⅰ)

## 7.1 서언

인체의 장기 중 간에 이상이 있을 경우에는 눈의 흰자 부분이 노랗게 착색되는 황달이 발생하게 된다. 눈에 황달이 나타나면 당연히 간을 치료해야 하는 것이지 눈에 안약을 넣어서는 의미가 없다는 것은 상식이다. 그런데 최근 철근 콘크리트 기둥에 발생한 품질결함 사고에 대하여 언론상 원인규명 및 대책을 지켜보고 있노라면 마치 황달에 안약을 넣는 것과 같은 상황이 보도되고 있어 이 단원 및 다음에서는 그 내용에 대하여 필자의 소견을 기술해 본다.

## 7.2 사건 청취 개요

2018년 12월 13일 여행지 독일에서 하루 전 방영된 KBS 9시 뉴스를 다시보기 사이트에 접속하여 시청하였다. TV에 보도되는 여러 내용 중 놀랐던 것은 사진 1과 같이 강남구 삼성동의 한 오피스 건물이 붕괴위험이 있으므로 입주자를 긴급 대피시키고, 아울러 긴급 안전조치 후 안전진단을 실시하고자 하는데, 안전진단만도 2개월 이상이 걸려서 문제라는 것이었다.

또한, 이어지는 보도내용으로는 많은 수의 시특법(시설물의 안전 및 유지관리에 관한 특별법)대상 구조물에서 중요시되지 않는(3급) 노후화된 민간소유 구조물이 진단 사각지대에 놓여 문제라는 내용이었다.

## 7.3 붕괴위험 원인에 관한 언론보도

독일 여행지에서 돌아와 대상 건축물과 관련하여 보도되었던 내용을 인터넷을 통해 간략하게 살펴보았다. 대상 건축물은 서울 강남구 삼성동에 지하 7층 지상 15층 상가·사무실 등 80여 곳이 입주한 오피스 빌딩이고, 준공일자는 1991년으로 27년 경과된 건물이다. 문제가 된 것은 지난 12월 8일 인테리어 공사를 진행하기 위하여 외장재를 철거하는 과정에서 지상 2층 1개의 기둥이 부풀어 오르며 단면이 떨어지고, 굉음과 함께 균열이 확산되자 ○○빌딩측은 강남구청에 해당사항을 신고하게 되었는데, 언론상으로는 12월 11일 낮에 발표되었다.

사진 1 서울 ○○빌딩 KBS TV 보도

사진 2 ○○빌딩 기둥 파괴 모습

출처 : https://blog.naver.com/daramjuo/221418679537

붕괴위험이 발생한 원인에 대하여는 다양한 것이 제기되고 있다. 즉, 도면에는 4각형 기둥인데, 원형으로 시공되어 설계와 다르다는 것, 피복두께가 너무 두껍다. 나선철근이 너무 가늘고 간격이 넓다. 주근의 겹침이음이 집중되어 있다. 시공 당시 주택 2백만 호 건설과 맞물려 부실시공을 지적하면서 건축년도가 오래된 노후화도 문제점으로 삼고 있고, 3종 시설로 정밀 안전진단을 실시하지 않은 것도 문제점으로 지적되는데, 시민단체에서는 즉각 철거를 주장하고도 있다.

## 7.4 기둥파괴 원인 규명

문제가 된 것을 조사하면 언제나 총체적 부실이 문제시되지만, 중요한 것은 여러 영향 요인 중 가장 핵심이 되는 문제가 무엇인지를 분명히 밝힐 필요가 있다. 그렇지 않으면 본질이 흐려져서 정확한 대책을 세울 수가 없다. 27년간은 전혀 문제가 없다가 이번에 기둥 하나에서 압축파괴 현상을 일으킨 것인데, 이와 같은 문제의 본질은 파괴 기둥부분 콘크리트의 압축강도가 현격히 부족하여 크리프(Creep)파괴를 일으킨 것이다.

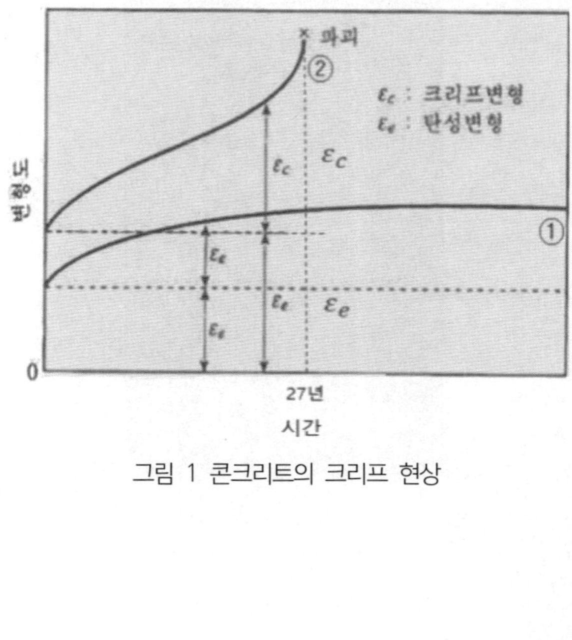


그림 1 콘크리트의 크리프 현상

압축강도 부족에 따른 크리프파괴를 지적하는 전문가도, 언론도 없으니 모두가 핵심을 놓치고 있다. 즉, 크리프란 그림 1과 같이 어떤 재료 혹은 구조에 파괴 하중보다 작은 하중이 작용한 경우 크리프 한계 이하라면 문제가 없지만(그림 1중의 ①), 크리프 한계 이상이라면 시간이 경과함에 따라 초기에는 안전함을 보이다가 어느 단계에서는 갑자기 변형이 증가하며 파괴하는 현상(그림 1중의 ②)으로 제일 크게는 그 기둥 부분에 어떠한 이유든 간에 압축강도가 매우 낮아져 있는 것이 제일 큰 이유이고 핵심인 것이다.

가령 콘크리트 압축강도가 설계기준강도 이상으로 발휘되었다면 설계도와 다른 원형기둥(하부설계가 원형기둥으로 그대로 기둥이 올라오면 문제가 없음), 피복두께가 과다하고, 나설철근이 가늘고 간격이 넓다, 주근의 겹침이음 집중 등은 거의 기둥 압축파괴의 원인이 되지 않는다. 또한, 부실시공의 원인을 지적하는 것은 폭넓은 의미로서 맞는 말이지만 꼭 꼬집어 무엇이 부실인지가 알 수 없고, 전반적으로 약간의 강도저하가 있더라도 한 개의 기둥 파괴로는 연결되기 어렵다. 오래된 노후화를 문제점으로 삼는 경우가 있는데 이는 내구성의 저하를 말하는 것으로 기둥압괴와 내구성은 관계가 없고, 정밀 안전진단을 실시하지 않은 것 역시도 기둥압괴와는 관련성이 없는 것이다.

## 7.5 기둥 강도저하의 시나리오

그렇다면 결론은 본 빌딩의 경우 극단적으로 압축강도가 작아진 한 개의 기둥부분 콘크리트가 크리프파괴를 일으킨 것인데, 어떻게 하여 기둥부분에 낮은 압축강도가 타설된 것일까? 정확하게는 당시 시공에 참여한 사람만이 원인을 알 수 있겠지만 가능성에 대하여 소설책을 쓰는 기분으로 시나리오를 작성해 본다.

먼저 버림콘크리트 등 저품질 레미콘이 납품된 경우, 혼화재 및 혼화제가 과다사용되어 제조된 레미콘이 납품된 경우, 당류 등 이물질이 첨가된 레미콘이 납품된 경우 등이 있을 수 있다. 그러나 이런 경우는 최소 레미콘 1대로서($6m^3$) 해당 건축물의 1개 기둥 이상에 결함이 나타나게 되는데, 이 경우는 1개의 기둥에서만 발생하고 있어 이들을 원인으로는 볼 수 없다.

두 번째로는 재료분리된 모르타르 혹은 콘크리트의 유입에 따른 원인일 수 있다. 즉, 일반적으로 콘크리트 타설은 돌려치기를 한다고 하여 기둥을 먼저 부어넣고, 보를 부어넣고, 침하를 기다린 다음 마지막으로 슬래브를 부어 넣는다. 그러나 유감스럽게 보나 슬래브를 타설하는 과정에서 너무 유동성이 큰 콘크리트(가수된 콘크리트)의 경우 재료분리된 모르타르 및 콘크리트가 사고를 일으킨 기둥으로 집중적으로 흘러 들어간 경우이다.

또 다른 경우로는 1990년대의 상황으로 레미콘이 품귀인 조건에서 레미콘 공급이 오래 중단되게 되면 펌프카 호퍼에 남아 있는 콘크리트는 유동성을 잃고 굳은 상태가 되는데, 이를 펌핑하기 위하여는 많은 양의 물로 재비빔하여 펌프압송하게 된다. 이처럼 하면 저품질화된 콘크리트가 사고를 발생시킨 기둥에 집중적으로 부어넣게 된다면 금번 사고와 같은 문제를 일으킬 수도 있다.

상황이 어떻게 하여 그렇게 설계기준강도에 절반도 안되는 낮은 강도의 콘크리트가 집중적으로 1개의 기둥에만 부어넣어졌는지는 알 수 없는 일이다. 그러나, 이와 같은 만 번에 한 번 있을 수 있는 실수를 없애기 위해 역시 기능공의 철저한 장인정신으로 시공에 철저를 가하고자 하는 노력만이 문제를 해결할 수 있는 방법이 되는 것이다.

# 8 황달에 안약을?(Ⅱ)

## 8.1 서언

전 단원에서는 「서울 ○○빌딩 붕괴위험」 보도에 대한 원인규명과 관련한 내용으로, 잘못된 진단 보도내용을 바로 잡는 것에 초점을 맞추어 기술하였다. 이 단원에서는 전 단원의 연속으로 근본적인 보수보강 대책 및 차후의 재발방지와 관련한 제도보완에 대하여 필자의 생각을 기술해 보고자 한다.

## 8.2 보수보강 대책

이전 단원에서 사각기둥의 설계를 원형으로 시공 한점, 과다피복, 얇은 대근의 넓은 간격, 한 곳에서 주철근의 다수이음, 노후화, 안전진단 누락등 언론에서 보도되고 있는 사항은 기둥압괴의 원인이 될 수 없고, 어떠한 이유인지는 알 수 없지만 설계기준 강도의 절반이하로 낮아진 콘크리트 압축강도 때문에 발생한 기둥의 Creep 파괴로 설명하였다.

그러나, 문제는 잘못된 진단에서 출발하게 되면 보수보강 및 차후의 제도보완도 빗나가게 마련이다. 언론에 의하면 2개월 이상 정밀진단하여 내년 3월쯤에는 해체 여부가 결정된다고 한다. 물론 전문가가 세밀하게 진단하면 모든 것이 정확하게 밝혀질 것이라고는 예상하지만, 혹시라도 잘못된 오류가 발생할 수도 있으므로 미리 추측하여 필자의 소견을 기술해 본다.

즉, 이번에 문제가 된 기둥을 잭서포트로 받치고 강판 보강 등의 방법으로 언론에 보도된 것처럼 마무리 짓게 된다면 문제가 아닐 수 없다. 기본적으로는 스크류를 돌리는 수준의 잭 서포트는 곤란하고, 유압잭을 이용하는 잭업(Jack-up)방법으로 압괴된 기둥을 원래대로 들어 올리고, 강도가 낮아 파괴를 일으킨 콘크리트는 사진 1~4와 같이 제거하고, 철근을 정비한 다음 거푸집을 설치한 후 상부 슬래브에서 구멍을 내어 기둥 콘크리트의 타설로 설계기준 강도 이상의 콘크리트로 기능을 회복시킨 다음, 거푸집 및 서포트를 제거하면 문제는 간단히 해결될 수 있다. 이런 경우라면 굳이 건물 내의 입주자들을 피난시키지 않고도 가능한 일이 될 수 있을 것이다.

진단의 문제도 그렇다. 건물의 붕괴여부는 기둥의 압축강도가 제일 중요한데, 문제를 일으킨 기둥이 쿵 하고 압괴되었다고 하는데, 그와 같은 충격에 문제가 되는 취약개소는 현 상태에서 벌써 문제를 일으켰을 것이다. 따라서 육안으로 전부의 기둥을 돌아보는 것만으로도 판단은 되겠지만, 워낙 중요한 사항이니 지하에서부터 전부의 기둥을 슈미트 햄머와 같은 비파괴 시험으로 상중하 부분을 전수조사하는 긴급점검은 일주일 정도면 가능할 것이다. 이와 같은 조사로 문제가 없다면 대피시킨 입주자를 신속히 다시 입주시키고, 여타의 진단은 계획대로 시간을 가지고 정말진단을 하면 될 것이다.

## 8.3 재발 방지를 위한 제도보완

이와 비슷한 사태를 반복하지 않기 위한 대책으로 현재는 안전진단을 강화하는 것으로 제도를 보완할 것 같은 움직임이 언론에 보도되고 있다. 물론 필요한 일이기는 하다. 그러나 압축강도가 부족하여 크리프파괴를 일으킨 경우, 꼭 꼬집어 요행으로 그 부분이 시험대상이 된다면 찾아내어 문제는 풀어지겠지만, 현행 안전진단의 샘플링 검사 방법으로는 찾을 수 없을 확률이 높고, 육안검사 또한 찾을 수 없는 것이 현재의 기술 수준이다.

따라서 라멘조 건축물의 경우 기둥의 상중하 부분 전수를 비파괴 시험으로 압축강도를 추정하도록 하는 것이 현재 지어진 건축물에 동일한 기둥 압괴현상을 막을 수 있는 유일한 방법이다. 그렇게 되면, 일정한 주기마다 반복되는 점검에서 압축강도 비파괴 시험을 실시하는 것은 필요없다. 오히려 외부환경에 노출된 건축물의 내구성 저하 정도를 진단하면 적절한 진단이 되는 것이다. 따라서 시특법(시설물의 안전 및 유지관리에 관한 특별법) 등과 관련한 진단 지침도 이번 경우에 손을 볼 필요가 있다.

사진 1. 잭업 보강

사진 2. 콘크리트 제거

사진 3. 철근 배근정리

사진 4. 콘크리트 타설 보수 완료

<고려ENC 변항용 대표이사 자료 인용>

그러나 제일 중요한 것은 지금 지어지고 있는 철근 콘크리트 건물에 대한 대책이 마련되지 않고 있는 것이 문제인 것이다. 지금 지어지고 있는 것들도 ○○빌딩 기둥 압괴현상과 같은 어처구니없는 문제가 상존하고 있기 때문이다. 따라서 공사진행 과정에서는 장인정신을 갖고 철저히 품질을 확보하도록 하는 자격 있는 기능공 및 기술자 도입 등 제도적 대책이 중요하고, 필요하다면 골조공사 중 및 완료 후 건축 및 토목 품질시험기술사 등 기술자를 활용하여 모든 기둥부재를 전수 비파괴 시험하여 품질을 확인하도록 하는 것이 확실한 대책이다.

추가적으로 현재 지어지는 건축물의 경우에도 설계기준 강도와 호칭강도를 구분하지 못하여 상당부분 설계기준 강도에 미달되는 사례는 무수히 많다. 2013년 이전 건축공사 표준시방서의 경우 실무에서는 거의 지켜지지 않았지만, 제도상으로는 설계기준 강도에 기온 보정강도를 플러스(+)하여 호칭 강도로 레미콘을 주문하도록 되어 있었으나, 2016년 개정 국가기준 센터의 통합시방서에서는 규정에서조차 빠져버려 더욱 콘크리트 품질이 나빠질 우려가 있음에 안타까울 따름이다.

## 8.4 결언

황달에 걸려 눈이 노란 사람은 간을 치료해야 하는 것이지 안약을 눈에 넣도록 처방해서는 안 된다. 본 사건의 경우는 콘크리트 압축강도 부족에 따른 기둥의 크리트 파괴가 핵심이다. 따라서, 이를 정확히 진단할 필요가 있고, 잭업 후 기둥재시공의 간단하고 경제적인 방법으로 보수보강 하는 등 대책을 마련해야지, 원인도 모르고, 건축주 및 입주자들에게는 엄청난 피해를 주면서 재발 방지대책도 옳게 세우지 못하고, 국가세금만 엄청나게 낭비하는 결과를 초래한다면 심히 우려되는 바 크다.

# 9 후진국성 사고의 악연 끊기(Ⅰ)

## 9.1 서언

최근 우리나라는 제 3세계[2)]의 후진국들 중에서 유일하게 10대 경제 대국에 진입하게 됨으로써 세계인들로부터 많은 부러움을 받고 있다. 그런데, 우리나라의 경우는 이와 같이 고속으로 경제가 발전하다 보니 지나치게 효율성을 추구하는 과정에서 일부 미흡한 부분도 발생할 수 있어 어느 정도의 안전성 문제는 양해될 수 있었다. 그러나, 현재로는 이미 선진국 대열에 진입한 이상, 특히 건설업의 경우 더 이상 후진국성 대형 건설안전사고는 발생하지 말아야 하는데, 아직도 악연을 끊지 못하고 있는 것 같아 아쉽게 느껴진다. 그러므로 이번 단원 및 다음 단원에서는 크게 문제시되고 있는 광주 화정동의 ○○ 아파트 붕괴사고를 대상으로 필자가 현장을 직접 본 것이 아니므로 일부 빗나가는 부분이 있을지라도 사고 발생 원인에 대하여 언론자료를 바탕으로 고찰하고, 사후 대책 등에 대하여 소견을 피력해봄으로써 독자들의 궁금증 해소 및 재발방지 대책마련에 참고가 되도록 한다.

## 9.2 사건 관련 개요

2022년 1월 11일 광주 광역시 서구 화정동 ○○아파트 공사 현장에서는 사진 1과 같이 39층 피트(Pit)층 콘크리트를 타설한 후 얼마 지나지 않아(굳지 않은 콘크리트 상태) 1개층 중 일부 슬래브가 붕괴를 일으켰고, 이와 같은 충격 하중에 의해 그 부위의 23~38 층의 슬래브가 연속 붕괴를 일으키면서 외벽까지 붕괴되는 엄청난 사고가 발생하였다. 사고와 관련하여 각종 언론사마다 이런 저런 원인 및 대책을 쏟아내고는 있지만, 아직 더 조사가 진행되어야 할 것으로 보인다. 따라서 사건 관련 개요로서 필자가 생각하는 원인과 대책에

2) 동서 냉전블록의 어느 쪽에도 가담하지 않은 개발도상 국가들의 총칭

관련한 장황한 설명을 글로 작성하면 이해하기 어려운 면이 있을 수 있으므로 간단히 플로우 챠트로 작성하면 그림 1과 같이 표현될 수 있다.

사진 1 광주 OO APT 붕괴 모습

출처 : 국토교통부 보도자료

## 9.3 사건 당일의 환경

일반적으로 콘크리트 공사는 야외 작업으로 기상의 영향을 받는 경우가 많다. 즉 춥고, 덥고, 비 오고, 눈 오고, 강풍이 부는 환경이라면 공정 관리상 작업불능 일로 공사를 중지하여야 하는 것이 원칙이다. 그러나, 이와 같은 악조건에서도 공사를 진행하기 위하여는 사전에 대처 계획서를 작성하여 감리·감독자의 승인을 받고 계획서대로 공사를 진행하게 되는 것이다. 당 현장의 경우 콘크리트 타설 일의 경우는 연중 가장 추운 겨울로 눈도 오고, 특히 100 m 이상 되는 초고층에서는 더욱 기온이 낮으므로 가열 보온양생 등의 방법으로 초기 동해 방지 및 지연 발현되는 강도 저하 대책의 수립이 중요한데, 아마도 완벽하게 대응하지는 않았던 것으로 보여진다.

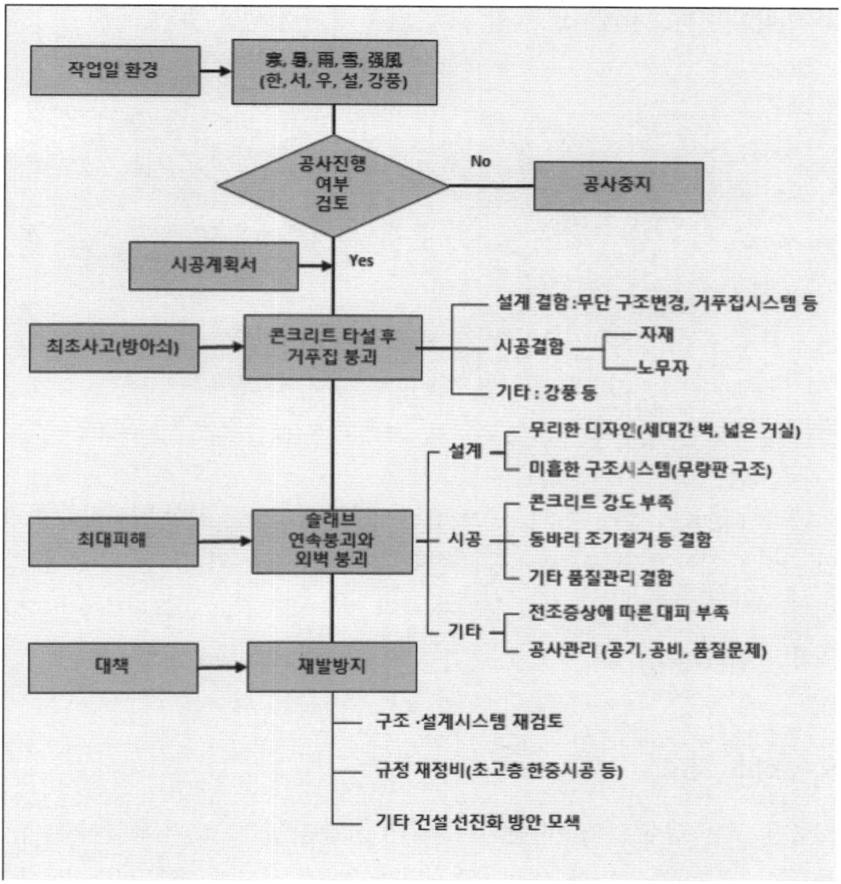


그림 1 광주 OO APT 사고 관련 연관도

특히 콘크리트 타설 당일에는 그림 2와 같이 매우 강한 바람도 불었다. 그러다 보니 경북 구미의 모 아파트 현장에서는 사진 2와 같이 거푸집이 붕괴되는 현상도 보였다. 다행히 당 현장에서는 강풍으로 타워 크레인 작업은 중지하여 더 큰 사고를 막는 데에는 기여한 것으로 보도되고 있다.

그렇지만 강한 바람은 고층으로 될수록 더욱 빨라 문제시되는데, 직접적인 수평력에 의한 구조물의 붕괴로도 작용할 수 있지만, 당 현장은 바람을 막을 수 있는 외부 비계의 방풍막으로 어느 정도 완화는 시킬 수 있었겠지만, 콘크리트 타설 전 바람의 상승 기류로 거푸집을 들썩이게 하여 동바리의 고정 위치 이탈이나 데크플레이트 물림 위치 변경 등이 발생할 수 있다.

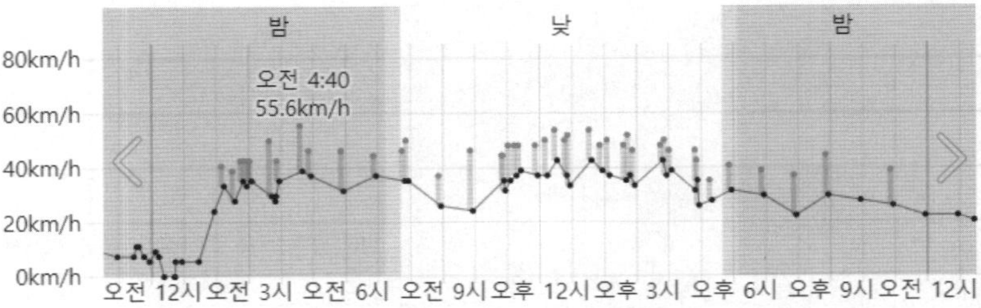


그림 2 2022년 1월 11일 광주지역의 풍속

출처 : https://ko.weatherspark.com/h/d/142017/

따라서 강풍이 심할 경우는 콘크리트 타설을 중지하는 것이 바람직하고, 또한 바람이 잦아진 후 콘크리트를 타설할 경우에는 제작된 거푸집 및 동바리의 변형 여부를 꼼꼼히 확인하고 문제가 생긴 것은 바로잡고 콘크리트를 타설하여야만 한다.

## 9.4 최초 사고

총을 쏘는 경우로 가정하면 방아쇠(Trigger)를 당김으로써 총알이 날아가 목표물을 맞추고 그 다음 사건이 전개되는 순서로 사고는 진행된다. 건설사고 현장의 경우도 방아쇠를 당기는 것처럼 최초 사고의 원인이 있고, 여기에 연속하여 또 다른 사고로 연결되는 경우가 있는데, 최초의 사고는 콘크리트 타설 완료 후 경화되기 전 상태에서 거푸집이 처짐을 일으킨 다음 항복 상태를 보인 후 일시에 거푸집이 붕괴된 것이었다.

붕괴를 일으킨 원인은 슬래브 콘크리트의 무게가 더 크게 작용되도록 하는 등 무단 구조변경이 문제가 될 수 있지만, 근본적으로 하중에 대응할 수 있는 거푸집 시스템과 관련한 설계 결함 문제, 거푸집 자재의 취약 등 자재 결함과 노무자의 실수를 포함한 시공 결함 문제가 있을 수 있고, 기타 앞의 기상 조건에서 제기한 바람의 영향으로 동바리의 고정 위치 이탈이나 데크플레이트 물림 위치 변경도 중요한 원인이 될 수 있다.

사진 2 강풍에 의한 거푸집 붕괴

출저 : 1월 13일자 동아일보

# 10 후진국성 사고의 악연 끊기(Ⅱ)

## 10.1 서언

후진국에서나 발생할 법한 대형 안전사고를 막기 위한 방안에 대하여 이전 단원에서는 광주 광역시 서구 화정동 ○○아파트 붕괴사고의 사건 관련 개요, 사건 당일의 환경, 최초 사고에 대하여 기술하였다. 전 단원의 연속으로 이 단원에서는 동일 대상 아파트와 관련한 건축물의 연속 붕괴 및 재발 방지 대책에 대하여 기술해 보고자 한다.

## 10.2 연속 붕괴

설상가상(雪上加霜)으로 안 좋은 일은 언제나 겹쳐서 발생하는 경우가 있다. 즉, 당 현장의 경우도 콘크리트 타설층인 39층의 거푸집이 붕괴되어 38층에만 멈춰 있었어도 큰 문제는 없었을 텐데, 사진 1과 같이 22층의 벨트 월(Belt wall)로 피난층(강성을 높게 하여 유사시 입주민이 대피하고 각종 설비가 모여 있는 곳)에서 슬래브가 연속 붕괴된 후 멈춰져 있다. 물론 22층 피난층이 없었으면 지하층까지 연속 붕괴가 일어날 수도 있는 상황이었다.

그렇다면 연속 붕괴를 일으킨 원인은 무엇이고, 그에 따르는 대책은 무엇일까? 제일 먼저, 설계적인 측면에서 무리한 디자인을 지적하지 않을 수 없다. 즉 세대 간 칸막이벽은 경량칸막이가 아닌 옹벽 구조의 내력벽이 되었으면 좋았을 것이고, 장스팬은 디자인적으로는 좋을 수 있지만 연속붕괴 측면에서는 바람직하지 않을 수 있다. 구조 시스템의 경우도 보가 없는 무량판 구조는 삼풍 백화점 붕괴 때처럼 연속 붕괴에 취약하다. 특히 우리나라 기능공의 철근 배근 및 콘크리트 타설 등 시공 수준까지 고려하면 더욱 그럴 수 있다. 가능할 수 있으면 국가적으로 주택 성능 등급제에서 요구하는 기둥, 보, 슬래브로 이루어진 라멘구조가 바람직할 수 있다.

사진 1 벨트월 피난층에서 연속붕괴가 멈춰진 모습

연속 붕괴와 관련한 시공 측면에서는 콘크리트의 강도 확보가 중요한 원인 중 하나였다. 콘크리트가 철근을 단단히 잡아 주어야 하는데 붕괴된 면을 보면 철근이 뽑혀져 있어, 아마도 겨울철 낮은 온도에 콘크리트의 강도가 잘 발휘되지 않았을 것이고, 기타로 마사토, 선별파쇄 골재 등 불량골재 사용에 따른 강도 저하, 초고층 펌프 압송 및 기능공들의 시공능률 향상 목적의 가수가 행해짐에 따라 복합적으로 강도가 크게 저하하지 않았나 의심이 간다. 또한, 콘크리트 타설층보다 2~3개 아래층까지는 반드시 동바리가 존치되어야 한다. 그런데 그렇지 않았음도 지적되고 있는데. 그렇게 되면 그 외 시공 품질관리 등 전반에도 의문이 제기될 수 있다.

기타로 콘크리트 타설 면에서 붕괴에 이르는 "뚝"하고 쳐지는 항복음을 기능공이 동영상으로 촬영까지 하였는데, 그렇다면 붕괴의 전조증상이므로 속히 현장 소장에게 보고하고 인명 안전을 위해 전 직종의 인력이 대피했어야 했다. 콘크리트 타설공은 그것을 알고 대피하였지만 다른 작종의 기능공들에게는 전달되지 않아 7명의 인명사고 (6명 사망, 1명 부상)를 막지 못한 것이 아쉽게 느껴진다. 마지막으로 안전사고의 총체적인 원인은 항상 동일하게 지적되는 내용이지만 적은 공사기간과 공사비 및 소홀한 품질관리 등 공사관리 전반에 문제가 있음을 이번 경우에도 재론하지 않을 수 없는 상황이다.

사진 2 콘크리트 타설층의 처짐

출처 : https://mobile.newsis.com/view.html?ar_id=NISX20220113_0001723379

## 10.3 재발방지 대책

사고가 발생할 때마다 언론 및 위정자들은 '우째 이런 일이'하고 사고 얼마 후까지만 호들갑을 떨고 선정적인 보도만을 쏟아낸 후 진정으로 재발을 방지할 수 있는 근본적인 제도며 규정 개정 등은 부족한 것이 일반적이다. 물론, 건설 안전사고가 어느 하나만이 원인이라면 어렵지 않게 해결될 수도 있다. 그러나 수없이 많은 공종, 수없이 많은 상황마다 어떤 것이 문제가 되어 언제 안전사고를 일으킬지는 아무도 모른다. 따라서 안전사고는 국민성이며 그 나라가 처한 환경과도 무관할 수 없어 초등학교 교육 등 국민 준법성 교육 면에서부터 출발하여야 할 것이다. 그러나 이렇게 막대한 분야의 수많은 관점을 모두 논하기는 한계가 있으므로 이 단원에서는 이번 사건과 관련하여 유사한 건설물 안전사고를 막고자 하는 필자 나름대로의 재발방지 대책에 대하여만 기술하면 다음과 같다.

먼저, 구조설계 시스템의 재고이다. 즉, 무엇보다 중요한 것이 국민의 안전이다. 선진국처럼 정직하고 원칙대로 시공이 진행된다면 무량판 구조 시스템도 좋을 수 있겠지만, 그렇지 못하다면 일정 층수(일례로 20층) 이상이라면 안전하고 가변성이 좋은 라멘조로 구조 시스템을 유도하여, 지나친 미관보다는 좀 투박할지라도 안전을 고려하는 설계가 되도록 건축 허가 과정에서 검토가 요구된다.

다음으로는 건설 선진화 방안의 모색이다. 공사금액의 결정이며, 공사 기간의 경우도 조금은 여유를 갖을 수 있는 것이 필요하다. 특히 최근의 레미콘 8.5제, 노조 파업, 토요일 및 일요일 휴무 등을 고려하면 현재의 공기 및 공사비로는 너무 적다.

또한, 건설안전사고의 많은 부분은 품질을 확보하지 못하여 발생하는 경우가 많은데 안전사고와 관련한 안전관리만 중시하고 품질관리는 뒷전으로 밀리는 경우이다. 일례로, 품질관리 담당자를 외주 업체에 맡기는 경우인데, 건설공사현장에서 동일한 일을 하면서 봉급이 적으니 건설자재 납품자와의 관계에서 불미스러운 일이 있을 수 있으므로 품질 확보가 어렵다. 품질관리 담당자의 겸직 근무의 경우도 품질관리 고유의 업무가 이루어지지 못하니 문제가 될 수 있고, 일부의 경우는 레미콘 품질 시험을 레미콘사에게 맡기고 시험 성적서만을 받아 서류상으로 비치하는 행태도 있으니 총체적으로 문제가 아닐 수 없다.

당 현장의 사고 조사 결과 보고서를 보면 많은 층에서 코아 채취 후 강도 시험한 결과가 호칭 강도의 85 % 이하의 값을 나타내는데, 과연 붕괴된 동만 강도가 안 나오고 다른 동은 괜찮은 것일까? 비약해 보면 문제가 된 아파트 단지만 그렇고 광주광역시 내 여타의 콘크리트 강도는 문제가 없는 것일까? 더욱 비약하여 광주광역시 이외에 우리나라 전국적으로는 문제없이 강도를 잘 내고 있는 것일까? 아마도 대답은 모두 아니라는 답일 것이다. 그렇다면 이번 기회에 전국적으로 확실하게 실제 구조체가 품질기준 강도를 발휘하도록 보완책을 마련해야 할 것으로 사료된다.

특히 시험검사와 관련하여 건설공사에는 인수검사, 공정검사, 제품검사의 3단계가 존재한다. 그런데 이중 레미콘 받아들이기와 관련한 표준양생 공시체의 인수검사, 거푸집 탈형시기 결정 등과 관련한 현장 양생의 구조체 관리용 공시체에 의한 공정검사는 부족하지만 그런대로 건설공사 현장에서 관심을 갖고 있다. 그러나, 완성된 구조체의 강도 발현 여부를 확인하는 구조체 관리용 공시체의 제품 검사는 거의 실시하지 않고 있는 것은 물론, 개념조차도 모르는 현장이 대부분이니 안타까운 심정이다.

또한, 학문적으로는 미진한 규정 부분의 뒷받침으로, 일례로 초고층 건축물의 한중 시공 대책의 수립 등 법규, 시방서, KS 표준 및 각종 제도에 대하여도 전반적인 재검토 및 보완이 필요한 시점이다.

## 10.5 결언

이상의 고찰과 같이 ○○아파트 붕괴사고는 콘크리트 타설 완료 시잠에서 거푸집 붕괴 후 부실한 하부층 슬래브가 연속붕괴된 품질 관련 대참사이다. 따라서 이와 같은 엄청난 사고의 재발을 막기 위하여는 현재 우리나라 건설의 현주소를 정확히 파악하고 문제점을 도출한 다음 해결책을 마련해야만 할 것이다. 그렇지만 원초적으로 재발 방지에 기본이 되는 것은 적절한 비용과 공기가 주어지고, 기본이 지켜지는 가운데 개발된 기술을 바탕으로 능율을 추구하며, 안전도 중요하지만 안전사고에 근본이 되는 품질을 최우선으로 하고, 안전하고 효율적인 구조 시스템의 설계 및 건설 선진화 방안에 대하여 정직한 마음으로 원칙을 지킨다는 자세로 임할 때 후진국성 사고의 악연이 끊어지지 않을까 생각해 본다.

# 11 속임을 당하고 있다면?

## 11.1 서언

우리가 세상을 살아가는 데에는 다양한 경우가 있다. 즉, 정직하게 일을 한 경우에 그것을 옳게 받아들인다면 그거야 문제가 없다. 그러나 올바른 것이라고 믿고 일을 진행하였는데, 사실이 거짓이라는 것을 알게 되면 배신감을 느끼게 될 것이고, 그럴 줄도 모르고 넘어간 경우라면 일을 그르쳐서 더욱 가슴 아픈 엉뚱한 결과를 낳을 수밖에 없게 된다.

금년 1월 광주 화정동 ○○아파트 붕괴 사고와 관련하여 이전 단원인 「후진국성 사고의 악연 끊기 (Ⅰ) (Ⅱ)」에서 원인 및 대책 등을 나름대로 기술해 본 바 있다. 그러나, 시간이 지나 사고조사위원회(이하 사조위)로부터 발표된 것을 보고 앞에서 언급한 3개의 상황 중 맨 후자와 같은 경우가 아닌가 싶어 그것과 관련한 개인적인 소견을 피력해 본다.

## 11.2 사조위의 발표내용

2022 년 3월 14일 사조위에서 발표한 내용은 3가지로 요약되어 발표하고 있다. 그 내용은 다음 표 1과 같다.

그런데, ①~③의 내용 중에서 특히 ③의 경우로 23~38층 코어 공시체의 압축강도는 그림 1, 표준양생 공시체와 코어 공시체의 차이는 그림 2와 같이 설명하고 있다.

사조위의 발표 이후 콘크리트학회 등 일부 학회에서는 특별 세션으로 붕괴 원인 및 대책 등을 소개하고 있었는데, 특히 그림 2와 관련하여 콘크리트 내 빈공간(공극율)과의 관계로부터 콘크리트에 엄청난 가수가 행해져 발생한 것으로 보고하고 있다. 그러나, 유감스럽게 가수는 누가 하였으며, 책임은 누구에게 있는지에 대하여는 언급이 없다. 그러다 보니 레미콘사는 아무 책임이 없고 암묵적으로 "외국인 기능공이 펌프압송성 및 시공성이 나쁘므로 가수하였겠구나" 하고 생각할 따름이었다.

표 1 사조위에서 밝힌 시고원인

① 39층 바닥 시공방법 및 지지방식을 당초 설계도서와 다르게 임의 변경하고 PIT층에 콘크리트 가벽을 설치함에 따라, PIT층 바닥 슬래브 작용하중이 설계보다 증가하였으며 하중도 중앙부로 집중되었다.
② 한편, PIT층 하부 가설지지대(동바리)는 조기 철거하여 PIT층 바닥슬래브가 하중을 단독 지지하도록 만들어 1차 붕괴를 유발했고, 이로 인해 건물 하부방향으로 연속붕괴가 이어졌다.
③ 붕괴 건축물에서 채취한 콘크리트 시험체의 강도시험 결과, 대다수 시험체가 설계기준강도의 85 % 수준에 미달(17개층 중 15개층)하였다. 콘크리트 강도 부족은 철근과 부착 저하를 유발하여 붕괴 등에 대한 건축물의 안전성 저하로 이어졌다.

## 11.3 속임을 당한 것과 같은 사안

그렇다면 하나하나 분석하여 추정되는 실체에 대하여 규명해 보도록 한다. 그러면 먼저 그림 2의 표준양생 공시체의 압축강도 결과를 보자. 5개의 데이터가 있는데, 제일 작은 것은 35 MPa, 제일 큰 것은 55 MPa, 대략적인 평균은 48 MPa 정도이다. 즉, 레미콘 배합강도는 호칭강도 24 MPa의 2배인 48 MPa 라는 것이다.

그런데, 일반적인 레미콘 배합강도는 대략 변동 계수 10 %로 가정하면 호칭강도의 1.21의 증가 계수로서 24×1.21 = 29.04 MPa가 된다. 결국 호칭강도 24 MPa의 배합강도를 29 MPa(20 % 크게)가 되도록 하면 될 것을 납품된 레미콘은 48 MPa(100 % 크게)로 배합설계를 하였다는 것이다. 원래 정규분포의 확률은 아주 낮기는 하지만 상하 무한대(∞)로 전혀 불가능한 것은 아니겠지만, 대개 2배 큰 압축강도는 제Ⅵ-5에서 언급한 것처럼 두 가지 중의 하나이다. 즉, 얼마 후 레미콘사가 망하거나 아니면 속임수에 해당하는 사기이다. 즉, 사고현장에 납품한 레미콘사가 망했다는 얘기를 들은 바 없으니 결국은 속임수와 같은 결과이다.

두 번째로 그림 1의 코아 공시체의 압축강도 결과이다. 총 20개의 데이터 중 맨 앞 23층 슬래브에서는 호칭강도 24 MPa를 넘고 있고 19개는 미달이며,

콘크리트 표준시방서에서 허용하는 85 % 이상은 3개 시료(15 %)이고 15 MPa도 되지 않는 것이 13개소(65 %) 10 MPa도 되지 않는 것이 2 개소이다. 즉, 품질의 경우 평균치도 규정 이상이어야 하지만 편차가 작아야 하는데, 평균치가 작은 것은 물론이고 편차까지 크게 발생하고 있다, 그렇다면 동일한 배합자료로(시공사가 지정한 배합가이드) 납품된 레미콘이 왜 층별로 편차가 크게 나온 것인가? 물론 계절적인 문제, 시공자의 실수 등 환경 및 사람과 관련한 품질 변동 요인도 있을 수 있겠지만, 언론 보도에 의하면 표준양생 공시체를 제작하는 시험검사 차량을 지정하여 그곳에서 굳지 않은 상태의 품질 시험 및 공시체를 제작하여 압축강도를 시험하도록 하였다는 제보도 있었다. 그렇다면 레미콘 120m$^3$(레미콘 차량 20대)마다 1회를 시험을 하도록 규정하고 있으니, 20대 중 1대는 제대로 된 품질의 레미콘이 반입되었다고 보면 결국 무작위로 여러 층에서 20개의 코아를 채취하였지만 결국 확률론 적으로는 20대 중 1대 차량인 것과 유사한 결과로 나타난 것이다. 그러면 19/20인 대부분은 시멘트량을 줄이고 물의 양을 늘린 품질결함 레미콘이 현장에 납품된 것이다. 그렇다면 배합보고서 및 생산기록인 프린터상 자료는 큰 차이가 없음에도 불구하고, 왜 실 구조체의 강도품질은 변동이 큰 것인가? 이는 아마도 이전에 문제가 되었던 변질된 프린트(이중 프린트) 문제가 해결되지 않고 지금까지도 사용함에 따라 나타난 현상으로밖에 이해되지 않는다.

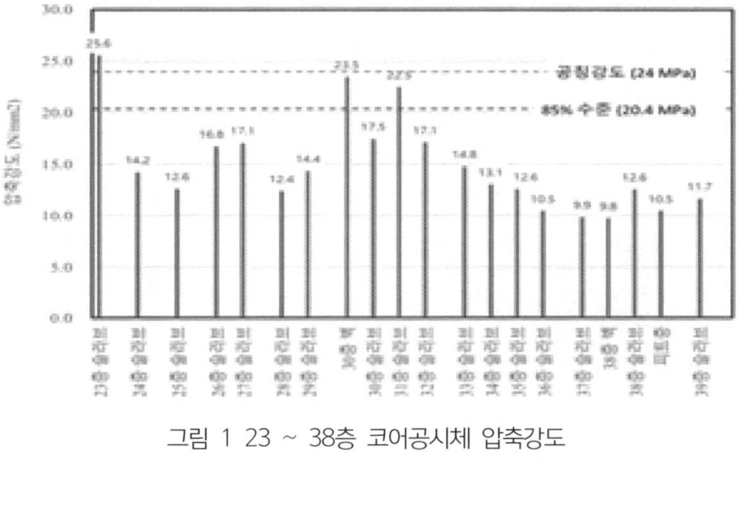


그림 1 23 ~ 38층 코어공시체 압축강도

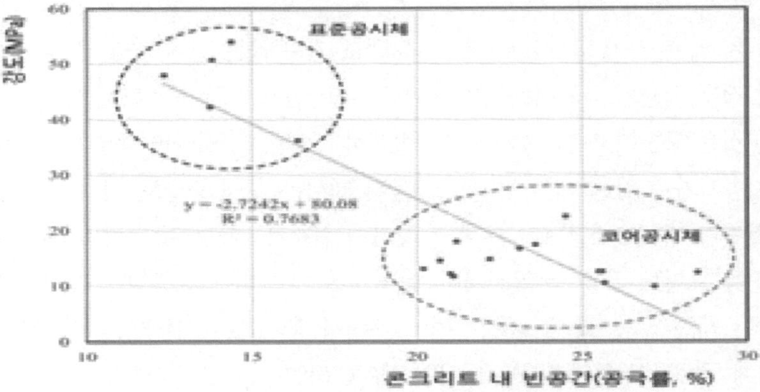


그림 2 표준공시체와 코어공시체 차이

## 11.4 결언

엄청난 인적·물적 피해를 낸 광주 화정동 ○○아파트 붕괴사고의 경우 특히 구조체 콘크리트의 압축강도 문제에서 올바르게 원인 구명 및 진단이 되지 못한 상태에서 재발방지 대책을 마련한 것은 결국 실상을 잘 알고 있는 레미콘 생산자들 입장에서는 비웃음거리가 되는 것이다.

따라서 이번 사고를 교훈으로 레미콘 가격을 적절하게 책정하여 일정 이익이 레미콘사에 보장되도록 한 다음, 시멘트를 줄이고 물을 타지 않아도 시공되도록 최근의 상황을 고려하여 설계하고, 아울러 레미콘의 경우는 이중 프린터와 같은 범죄 행위는 버리고 정직하게 레미콘이 생산되어 올바른 시험·검사로 품질이 확인되도록 하여야 할 것이다.

추가적으로는 건축물 설계자는 내구성을 고려한 품질기준 강도에 기온보정강도를 더한 호칭강도를 설계하여 예산에 분명히 반영하여 원초적인 불량을 막고, 또한 이번 기회에 아파트라고 하면 입주 예정자에게 마감공사 이전에 콘크리트 압축강도 등 품질을 인수검사받도록 하는 새 바람이 불기를 기원해 본다.

# 12 눈 가리고 아웅 한다

## 12.1 서언

얕은 수로 남을 속이려 할 때 쓰이는 말로 「눈 가리고 아웅 한다」는 말이 있다. 일례로 「국민의 눈을 가리고 정부는 아웅 한다」는 것은 언론이 정부를 꼬집는 말로 쓰인 것이다. 동일한 상황은 아닐지라도 콘크리트 관련 건설공사에서도 유사한 상황이 발생한 경우가 있었음에 이 단원에서는 이와 같은 상황을 소개하여 이해를 돕고, 올바른 방향을 제시하고자 한다.

## 12.2 언론 보도 내용

사진 1은 국내 인터넷 언론사인 쿠키뉴스의 보도 내용을 소개한 것이다. 기사 내용은 LH가 비용 절감 등의 이유로 2021년 국토교통부가 고시(告示)로 강화한 콘크리트 강도기준을 기존강도로 되돌려 놓으려다 실패하였다는 사항을 다루고 있다.

## 12.3 보도 내 용 분석

문제가 된 내용은 2021년 2월 18일 국토교통부에서 개정한 콘크리트 표준시방서 중 KCS 14 20 10 (일반 콘크리트)의 2.2 (배합)에는 설계기준압축강도($f_{ck}$)와 내구성기준압축강도($f_{cd}$) 중에서 큰 값으로 품질기준강도($f_{cq}$)를 정하고, 여기에 기온보정강도($T_n$)를 더하여 레미콘 호칭강도($f_{cn}$)로 레미콘 생산자에게 주문하도록 강화하였다. 물론, 콘크리트 표준시방서에 내구성 설계에 관한 규정이 없었던 것은 아니었지만, 개정 시방서에서는 내구성 설계에 관한 사항을 배합부분으로 도입하여 확실히 반영하도록 하였는데, 노출 범주 및 등급의 여러 항목 중 일반 및 탄산화에 관한 사항만을 발췌하면 표 1 및 2와 같다.

2022년 5월 2일 (월)
쿠키뉴스
#청문회 #실외마스크 #검수완박 #윤석열 #지방선거 #부동산 #투달 전국
HOME 경제 산업/재계

국민 안전보다 돈? LH, 입맛대로 콘크리트 강도 '실패'

LH, 자체 내구성 기준 마련했지만 건설기준위 부결
한준호 의원 "LH, 국토부 개정안 반대 이유 비용 때문"

쿠키뉴스DB

많이 본 뉴스
1 세계를 울린 '파친코'엔 ○○○이 있다
2 '파친코' 보기 전엔 몰랐던 배우들
3 손흥민, 전설을 쓰다
4 저스틴 민 "미국서 한국 콘텐츠 인기… 이...
5 감독은 '화살 받이', 케스파는 뒤로 숨었다 [...

쿡기자
너무 당연해서 몰랐던 것들

카드뉴스

사진 1 언론 보도 내용(쿠키뉴스 2022-3-18)

따라서 LH에서 건설하는 아파트로 가정하면 현재는 설계기준압축강도 만을 고려하여 24 MPa인 콘크리트를 사용하고 있었지만, 2021년 개정 시방서에 따르면 설계기준압축강도는 24 MPa일지라도 내구성기준 압축강도는 표 1의 노출 범주 및 등급으로 비를 맞는 콘크리트 외벽은 EC4에 해당하여 표 2에 따르면 30 MPa 혹은 물·결합재비 0.45 이하를 적용해야만 한다. 따라서 LH 관계자는 이와 같은 변화된 규정을 순수히 준수하기보다는 KDS 14 20 40(콘크리트구조 내구성설계기준) 중 부록 콘크리트의 내구성 평가의 3.3(탄산화에 관한 내구성 평가)의 (1) 식에 따라 재검토하였다.

$$\gamma_P \ \ y_p \leq \ \phi_K \ \ y_{\text{lim}} \tag{1}$$

여기서, $\gamma_P$ : 탄산화에 대한 환경계수로서 일반적으로 1.1

$y_p$: 탄산화 깊이의 예측값(mm)

$\phi_K$: 탄산화에 대한 내구성 감소계수로서 일반적으로 0.92

$y_{\text{lim}}$: 철근부식이 발생할 수 있는 탄산화 한계깊이(mm)

$$y_{\text{lim}} = c - c_k \tag{2}$$

여기서, $c$ : 설계피복두께(mm)

$c_k$: 한계 탄산화 깊이 여유값으로서, 자연환경에서는 10 mm, 심한 염해환경에서는 25 mm

검토 결과 물·결합재비를 55 % 이하로 한 경우 24 MPa로도 30 MPa의 내구성을 확보할 수 있다고 주장하는 것으로 전해진다. 그러나 이는 실험실의 측정값으로 계산에 의한 것일 뿐 실제 공사가 진행되고 있는 현장에서는 혼화재 다량 치환 및 레미콘 가수 등으로 계산 값에 의해 제시된 결과를 받아들이기는 곤란한 것이 있다. 따라서 업계와 국회 등에 따르면 건설기준위원회에서 LH가 자체 마련한 콘크리트 내구성 기준안을 상정했으나 부결했다고 하는 것이다. 만약 이렇게 하면 LH는 연간 262억 원의 원가절감 효과가 있는 것으로 보고하고 있다.

그러나, 계산식을 보면, 어떻게 적용했는지는 정확히 알 수 없지만, 실무에서는 플라이애시나 고로 슬래그 미분말을 시멘트량보다 더 많이 사용하는 경우도 있는데, 그런 것의 고려가 되지 않을 수 있다. 또한, 강도는 24 MPa로 고정하고 물·시멘트비 (W/C)를 변화시켜가며 검토하였다면 그것이야말로 「눈가리고 아웅」인 것이다. W/C가 변화하면 당연히 압축 강도가 변화하는 것인데, 강도를 고정하고 W/C를 변화시켜 내구성을 만족시킨다는 것은 결국 갑을 관계로 레미콘에 덤터기를 씌우려고 하는 것이고, 허가 관청이나 감독 기관에게는 눈속임을 하려고 하는 행위인 것이다.

표 1 노출범주 및 등급

| 범주 | 등급 | 조건 | 예 |
|---|---|---|---|
| 일반 | E0 | 물리적, 화학적 작용에 의한 콘크리트손상의 우려가 없는경우<br>철근이나 내부 금속의 부식 위험이 없는경우 | • 공기 중 습도가 매우 낮은 건물 내부의 콘크리트 |
| EC<br>(탄산화) | EC1 | 건조하거나 수분으로부터 보호되는 또는 영구적으로 습윤한 콘크리트 | • 공기 중 습도가 낮은 건물 내부의 콘크리트<br>• 물에 계속 침지되어있는 콘크리트 |
| | EC2 | 습윤하고 드물게 건조되는 콘크리트로 탄산화의 위험이 보통인 경우 | • 장기간 물과 접하는 콘크리트 표면<br>• 기초 |
| | EC3 | 보통 정도의 습도에 노출되는 콘크리트로 탄산화 위험에 노출되는 경우 | • 공기 중 습도가 보통 이상으로 높은 건물내부의 콘크리트<br>• 비를 맞지 않는 외부 콘크리트 |
| | EC4 | 건습이 반복되는 콘크리트로 매우 높은 탄산화 위험에 노출되는 경우 | • EC2 등급에 해당하지 않고, 물과 접하는 콘크리트(예를 들어 비를 맞는 콘크리트 외벽, 난간 등) |

표 2 내구성 확보를 위한 요구조건

| 항목 | | 노출범주및 등급 | | | | |
|---|---|---|---|---|---|---|
| | | 일반 | EC(탄산화) | | | |
| | | E0 | EC1 | EC2 | EC3 | EC4 |
| 내구성 기준압축강도(MPa) | | 21 | 21 | 24 | 27 | 30 |
| 최대 물-결합재비 | | - | 0.60 | 0.55 | 0.50 | 0.45 |
| 최소 단위 결합재량(kg/m³) | | - | - | - | - | - |
| 최소 공기량(%) | | - | - | - | - | - |
| 수용성 염소이온량 (결합재중량비 %) | 무근 콘크리트 | - | - | | | |
| | 철근 콘크리트 | 1.00 | 0.30 | | | |
| | 프리스트레스트콘크리트 | 0.06 | 0.06 | | | |
| 추가 요구조건 | | - | KDS 14 20 50 (4.3)의 피복두께 규정을 만족할 것 | | | |

## 12.4 결언

탄소중립 등 세계적인 흐름에 발맞추어 국가는 내구성을 고려한 장수명 콘크리트 구조물을 건설하고자 노력하고 있다. 요즈음은 20층 이상의 고층 아파트가 우후죽순처럼 전국적으로 건설되고 있는데, 유감스럽게도 레미콘 호칭강도를 24 MPa로 설계한 경우라면 내구성적으로는 60년 정도의 수명을 고려하고 있는 것이다. 그러나 과연 그와 같은 고층 아파트를 60년 사용하고 헐고 다시 짓는다는 것은 어찌 보면 너무 어렵거나 낭비일지도 모른다. 따라서 국가에서는 100년 이상의 수명으로 30 MPa(200년 수명은 36 MPa)를 요구하고 있음에 이에 따라 변화되어야 하는 것은 당연한 일이다. 그러나 유감스럽게 국가를 대표하는 LH가 실무의 여건을 전혀 고려하지 않고 수학적 계산만으로 소위 「눈 가리고 아웅」하는 것처럼 하여 국가적인 규정을 무색화시키면 과연 어느 건설사 아파트가 국가의 장수명 정책을 따라가겠는가? 참고로 우리나라에서 현재 사용하는 레미콘의 평균 압축 강도는 24 MPa인데 비해 일본의 경우는 내구성을 고려하여 30~36 MPa인 점도 참고하여 세계화하는 국가 정책을 옳게 받아들일 필요가 있다.

## 부 록

### 레미콘·아스콘·골재 게재 목차

- 제 1 회 콘크리트의 강도 증진 (1997년 8월)
- 제 2 회 매스콘크리트의 온도균열 (1997년 9월)
- 제 3 회 콘크리트 배합의 잔골재율(S/a) (1997년 10월)
- 제 4 회 골재의 입자분포와 콘크리트의 품질 (1997년 11월)
- 제 5 회 설계기준강도·호칭강도·배합강도 (1997년 12월)
- 제 6 회 구조체 관리용 공시체 (1998년 1월)
- 제 7 회 콘크리트의 초기동해 (1998년 2월)
- 제 8 회 KS 및 건축, 토목의 콘크리트 (1998년 3월)
- 제 9 회 건축구조물에 있어 철근의 피복두께 (1998년 4월)
- 제 10 회 콘크리트의 소성수축 균열 (1998년 5월)
- 제 11 회 AE 공기량 (1998년 6월)
- 제 12 회 골재의 모양과 콘크리트의 품질 (1998년 7월)
- 제 13 회 시멘트 온도와 레미콘의 품질 (1998년 8월)
- 제 14 회 여름철 레미콘 생산에 있어 원자재 품질관리 (1998년 9월)
- 제 15 회 콘크리트 건조수축 균열 (1998년 10월)
- 제 16 회 팽창 콘크리트 (1998년 11월)
- 제 17 회 건축구조물의 거푸집 탈형시기 결정 (1998년 12월)
- 제 18 회 한중콘크리트 적용기간의 설정 (1999년 1월)
- 제 19 회 한중콘크리트에 있어서 계획배합의 결정 (1999년 2월)
- 제 20 회 콘크리트의 동해열화 현상 (1999년 3월)
- 제 21 회 유동화 콘크리트의 활용 (1999년 4월)
- 제 22 회 유동화 콘크리트의 배합설계 요점 (1999년 5월)
- 제 23 회 콘크리트용 부순골재의 품질 (1999년 6월)
- 제 24 회 서중콘크리트의 적용기간 (1999년 7월)
- 제 25 회 서중콘크리트의 제조관리 (1999년 8월)

- 제 26회 서중콘크리트의 운반 및 부어넣기 (1999년 9월)
- 제 27회 서중콘크리트의 표면마무리 및 양생 (1999년 10월)
- 제 28회 환경친화형 콘크리트(Eco-concrete) (1999년 11월)
- 제 29회 식생콘크리트의 개요 및 물리적 특성 (1999년 12월)
- 제 30회 식생콘크리트의 생육 및 환경 조정 특성 (2000년 1월)
- 제 31회 플라이애시의 품질규정 및 굳지않은 콘크리트의 특성 (2000년 2월)
- 제 32회 플라이애시를 사용한 경화콘크리트의 특성 (2000년 3월)
- 제 33회 고로슬래그 미분말의 품질규정 및 굳지않은 콘크리트의 특성 (2000년 4월)
- 제 34회 고로슬래그 미분말을 사용한 경화콘크리트의 특성 (2000년 5월)
- 제 35회 레미콘 산업의 제로에미션 (2000년 6월)
- 제 36회 실리카흄을 사용한 콘크리트의 특성 (2000년 7월)
- 제 37회 시멘트 품질과 고강도 콘크리트의 유동성 (2000년 8월)
- 제 38회 레미콘의 운반시간 (2000년 9월)
- 제 39회 레미콘 압축강도 검사의 로트(Lot)와 시험횟수 (2000년 10월)
- 제 40회 레미콘의 수입검사 순서 및 시료채취 (2000년 11월)
- 제 41회 슬럼프 시험 (2000년 12월)
- 제 42회 공기량 시험 (2001년 1월)
- 제 43회 염화물량 시험 (2001년 2월)
- 제 44회 온도측정 및 단위용적중량 시험 (2001년 3월)
- 제 45회 압축강도 시험용 공시체 제작 (2001년 4월)
- 제 46회 압축강도 시험 (2001년 5월)
- 제 47회 인장, 휨 및 전단 시험 (2001년 6월)
- 제 48회 레미콘 시험검사의 시기와 횟수 (2001년 7월)
- 제 49회 압축강도 불합격 레미콘 조치 (2001년 8월)
- 제 50회 콘크리트 마무리 상태의 검사 및 보수 (2001년 9월)

- 제 51회 고내구성 콘크리트의 적용 대상 및 품질 (2001년 10월)
- 제 52회 고내구성 콘크리트의 시공 및 피복두께 (2001년 11월)
- 제 53회 고강도 콘크리트의 개요 (2001년 12월)
- 제 54회 고강도 콘크리트용 재료 (2002년 1월)
- 제 55회 고강도 콘크리트의 배합설계 (2002년 2월)
- 제 56회 고강도 콘크리트의 시공품질관리 (2002년 3월)
- 제 57회 고강도 콘크리트의 역학적 성질 및 내구성 (2002년 4월)
- 제 58회 고성능 콘크리트의 폭열방지 (2002년 5월)
- 제 59회 고성능 콘크리트의 자기수축 (2002년 6월)
- 제 60회 회수수의 정의 및 굳지않은 콘크리트에 미치는 영향 (2002년 7월)
- 제 61회 회수수가 경화콘크리트의 품질에 미치는 영향 및 사용기준 (2002년 8월)
- 제 62회 레미콘 회수수 관련 설비관리 (2002년 9월)
- 제 63회 슬러지의 효율적인 활용 (2002년 10월)
- 제 64회 레미콘 공장의 선정 (2002년 11월)
- 제 65회 콘크리트의 블리딩 발생 및 평가 (2002년 12월)
- 제 66회 콘크리트의 블리딩에 미치는 영향 요인 (2003년 1월)
- 제 67회 블리딩에 따른 콘크리트의 품질변화 (2003년 2월)
- 제 68회 콘크리트의 블리딩 저감대책 (2003년 3월)
- 제 69회 콘크리트 배합의 단위수량 (2003년 4월)
- 제 70회 단위수량이 콘크리트 품질에 미치는 영향 (2003년 5월)
- 제 71회 단위수량 시험법 (2003년 6월)
- 제 72회 레미콘의 기수 형태 (2003년 7월)
- 제 73회 레미콘의 가수방지 대책 (2003년 8월)
- 제 74회 콘크리트 구조물에서 코어채취 방법 및 강도시험 (2003년 9월)
- 제 75회 코어채취가 강도에 미치는 영향 (2003년 10월)

- 제 76 회 코어 압축강도에 미치는 재료 및 시험방법의 영향 (2003년 11월)
- 제 77 회 코어 압축강도 시험결과의 평가 (2003년 12월)
- 제 78 회 콘크리트용 내한제의 종류 및 특징 (2004년 1월)
- 제 79 회 내한성 혼화제를 이용한 굳지않은 콘크리트의 특성 (2004년 2월)
- 제 80 회 내한성 혼화제를 이용한 경화콘크리트의 특성 (2004년 3월)
- 제 81 회 KS규격에 있어서 레미콘 품질의 종류 (2004년 4월)
- 제 82 회 레미콘 생산에서 생산자와 구입자간의 협의사항 (2004년 5월)
- 제 83 회 레미콘 생산자가 구입자에게 제출(제시) 및 승인받는 사항 (2004년 6월)
- 제 84 회 제품검사, 수입검사, 구조체 검사 (2004년 7월)
- 제 85 회 국내 부순모래의 현황과 사용실태 (2004년 8월)
- 제 86 회 국내 생산 부순모래의 품질 특성 (2004년 9월)
- 제 87 회 부순모래의 품질향상 방안 (2004년 10월)
- 제 88 회 우리나라 시멘트의 발전방향 (2004년 11월)
- 제 89 회 일본 강점기의 콘크리트 (2004년 12월)
- 제 90 회 장시간 운반 콘크리트의 품질변화 (2005년 1월)
- 제 91 회 장시간 운반 콘크리트의 품질 회복제 개발 (2005년 2월)
- 제 92 회 콘크리트 시공에서 서둘러야 하는 것 (2005년 3월)
- 제 93 회 콘크리트 시공에서 서두르면 안 되는 것 (2005년 4월)
- 제 94 회 바닥 마루판의 솟아오름(팽창박리) (2005년 5월)
- 제 95 회 콘크리트와 사이다·콜라 (2005년 6월)
- 제 96 회 콘크리트의 표면박리 (2005년 7월)
- 제 97 회 콘크리트의 비파괴시험 개요 (2005년 8월)
- 제 98 회 슈미트 해머법 비파괴시험 개요 및 방법 (2005년 9월)
- 제 99 회 슈미트 해머법 비파괴시험 영향인자 (2005년 10월)
- 제 100 회 초음파 속도법 및 복합법 (2005년 11월)

- 제 101 회 콘크리트 균열에 대한 사고(思考) (2005년 12월)
- 제 102 회 콘크리트의 허용 균열폭 (2006년 1월)
- 제 103 회 콘크리트의 균열방지 (2006년 2월)
- 제 104 회 건설물의 온도변화에 따른 팽창수축 (2006년 3월)
- 제 105 회 콘크리트의 조성과 보수보강에서 선팽창계수 (2006년 4월)
- 제 106 회 주택성능 등급제와 관련한 콘크리트의 성능등급 (2006년 5월)
- 제 107 회 주택성능 등급제에 따른 콘크리트산업의 대처방안 (2006년 6월)
- 제 108 회 중국 시멘트의 현황과 국가 규격 (2006년 7월)
- 제 109 회 중국 시멘트의 품질 규격 (2006년 8월)
- 제 110 회 콘크리트용 용수의 염화물 등 수질 규정 (2006년 9월)
- 제 111 회 석회석 미분말을 사용한 콘크리트의 특성 (2006년 10월)
- 제 112 회 시멘트의 발달사 (2006년 11월)
- 제 113 회 우리나라 시멘트의 역사 (2006년 12월)
- 제 114 회 콘크리트의 역사 (2007년 1월)
- 제 115 회 소규모 포장콘크리트의 결함방지 (2007년 2월)
- 제 116 회 콘크리트 백화(白華 ; Effloressence)방지 (2007년 3월)
- 제 117 회 콘크리트의 「암」 알칼리골재반응 (2007년 4월)
- 제 118 회 수요자의 요구에 부응하는 맞춤형 시멘트의 개발 및 활용 (2007년 5월)
- 제 119 회 섬유보강 콘크리트의 개요 및 무기계 섬유보강 콘크리트 (2007년 6월)
- 제 120 회 유기계 섬유보강 콘크리트 (2007년 7월)
- 제 121 회 SIFCON의 특성 및 방폭 콘크리트의 개발 (2007년 8월)
- 제 122 회 초고성능 콘크리트와 관련한 용어 (2007년 9월)
- 제 123 회 고인성 고성능 콘크리트의 특성 (2007년 10월)
- 제 124 회 고인성 고성능 콘크리트의 수축저감 및 내화특성 (2007년 11월)
- 제 125 회 공장바닥 마감 콘크리트의 표면층의 균열 및 층분리 (2007년 12월)

- 제 126 회　기둥에 발생한 인장균열 (2008년 1월)
- 제 127 회　유해한 작용에 대한 보호 (2008년 2월)
- 제 128 회　진동으로부터 콘크리트의 보호 (2008년 3월)
- 제 129 회　우량(優良)레미콘제 (2008년 4월)
- 제 130 회　선무당이 레미콘 잡는다 1 (2008년 5월)
- 제 131 회　선무당이 레미콘 잡는다 2 (2008년 6월)
- 제 132 회　선무당이 레미콘 잡는다 3 (2008년 7월)
- 제 133 회　SI단위의 이해 (2008년 8월)
- 제 134 회　SI단위의 사용규칙 (2008년 9월)
- 제 135 회　고강도 콘크리트의 내화성능 관리 (2008년 10월)
- 제 136 회　응결시간의 의미 (2008년 11월)
- 제 137 회　시멘트의 제조 (2008년 12월)
- 제 138 회　시멘트의 소성공정 (2009년 1월)
- 제 139 회　시멘트의 마무리(분쇄)공정 (2009년 2월)
- 제 140 회　시멘트의 수화반응 (2009년 3월)
- 제 141 회　표준편차(Standard deviation) (2009년 4월)
- 제 142 회　품질 불감증 문제 (2009년 5월)
- 제 143 회　정규분포 (Normal distribution) (2009년 6월)
- 제 144 회　경량 콘크리트의 개요 및 무 잔골재 콘크리트(2009년 7월)
- 제 145 회　경량골재의 개요 (2009년 8월)
- 제 146 회　경량골재의 품질규격 (2009년 9월)
- 제 147 회　경량골재 콘크리트의 제조 및 시공 (2009년 10월)
- 제 148 회　경량골재 콘크리트의 특성 (2009년 11월)
- 제 149 회　경량기포 콘크리트의 개요 및 제조 (2009년 12월)
- 제 150 회　경량기포 콘크리트의 품질규격 및 특성 (2010년 1월)
- 제 151 회　품질시험의 기본단위「로트(lot)」 (2010년 2월)
- 제 152 회　4대강 준설토사의 콘크리트용 골재화 대책 (2010년 3월)
- 제 153 회　에지터이터 트럭 드럼의 커버문제 (2010년 4월)
- 제 154 회　겨울철 기상이변과 콘크리트의 대응(Ⅰ) (2010년 5월)
- 제 155 회　겨울철 기상이변과 콘크리트의 대응(Ⅱ) (2010년 6월)

- 제 156 회 슬래브 및 보의 하부 거푸집 해체(Ⅰ) (2010년 7월)
- 제 157 회 슬래브 및 보의 하부 거푸집 해체(Ⅱ) (2010년 8월)
- 제 158 회 콘크리트 표면품질에 미치는 배합요인 (2010년 9월)
- 제 159 회 콘크리트 표면품질에 미치는 알루미늄 거푸집 표면 코팅재의 영향(Ⅰ) (2010년 10월)
- 제 160 회 콘크리트 표면품질에 미치는 알루미늄 거푸집 표면 코팅재의 영향(Ⅱ) (2010년 11월)
- 제 161 회 콘크리트에 골재를 사용하는 이유 (2010년 12월)
- 제 162 회 골재의 분류 중 잔골재와 굵은골재 (2011년 1월)
- 제 163 회 산지 및 생산방식에 따른 골재의 종류 및 특성 (2011년 2월)
- 제 164 회 콘크리트용 골재에 요구되는 품질 (2011년 3월)
- 제 165 회 콘크리트용 골재의 표준입도 (2011년 4월)
- 제 166 회 순환골재는 귀중한 자원 (2011년 5월)
- 제 167 회 콘크리트의 중성화의 개요 (2011년 6월)
- 제 168 회 중성화에 영향을 미치는 요인 (2011년 7월)
- 제 169 회 중성화년수 산출 및 중성화 억제 대책 (2011년 8월)
- 제 170 회 콘크리트 염해 (2011년 9월)
- 제 171 회 콘크리트 화학적 부식(Ⅰ) (2011년 10월)
- 제 172 회 콘크리트 화학적 부식(Ⅱ) (2011년 11월)
- 제 173 회 블록 및 벽돌의 품질규정 문제(Ⅰ) (2011년 12월)
- 제 174 회 블록 및 벽돌의 품질규정 문제(Ⅱ) (2012년 1월)
- 제 175 회 건설공사의 낙찰제와 품질문제 (2012년 2월)
- 제 176 회 호칭강도 규격보다 현저히 큰 압축강도 (2012년 3월)
- 제 177 회 우리나라 레미콘의 배합설계 개선방향(Ⅰ) (2012년 4월)
- 제 178 회 우리나라 레미콘의 배합설계 개선방향(Ⅱ) (2012년 5월)
- 제 179 회 고강도 콘크리트의 운반시간 한도 (2012년 6월)
- 제 180 회 장시간 운반에 따른 레미콘의 품질변화 (2012년 7월)
- 제 181 회 콘크리트의 층이음 균열 (2012년 8월)
- 제 182 회 온도차와 콘크리트의 균열 (2012년 9월)
- 제 183 회 콘크리트 코어 압축강도의 유권해석 (2012년 10월)

- 제 184 회 콘크리트 크리프(Creep) (2012년 11월)
- 제 185 회 콘크리트 탄성수축차에 의한 균열 (2012년 12월)
- 제 186 회 균열에 있어 시공시기의 영향 (2013년 1월)
- 제 187 회 차폐 콘크리트(중량 콘크리트) (2013년 2월)
- 제 188 회 체코 프라하를 다녀와서 (2013년 3월)
- 제 189 회 이 일을 어찌할고?(표면층 박리 동해) (2013년 4월)
- 제 190 회 모두에게 이익이 되는 셈법(Ⅰ) (2013년 5월)
- 제 191 회 모두에게 이익이 되는 셈법(Ⅱ) (20013년 6월)
- 제 192 회 콘크리트-폴리머 복합체의 개요 및 폴리머 시멘트 콘크리트 (2013년 7월)
- 제 193 회 폴리머 콘크리트 (2013년 8월)
- 제 194 회 폴리머 함침 콘크리트 (2013년 9월)
- 제 195 회 120년 경과된 콘크리트와의 만남 (2013년 10월)
- 제 196 회 이색(異色)골재와 콘크리트의 품질 (2013년 10월)
- 제 197 회 카본블랙을 이용한 콘크리트(Ⅰ) (2013년 11월)
- 제 198 회 카본블랙을 이용한 콘크리트(Ⅱ) (2013년 12월)
- 제 199 회 카본블랙을 이용한 콘크리트(Ⅲ) (2014년 1월)
- 제 200 회 착색제를 이용한 컬러 콘크리트 (2014년 2월)
- 제 201 회 설계에 있어 빈도(頻度)의 고려문제 (2014년 3월)
- 제 202 회 콘크리트의 재료분리의 개요 (2014년 4월)
- 제 203 회 콘크리트의 재료분리 평가방법 (2014년 5월)
- 제 204 회 콘크리트 부재설계에서 안전율 (2014년 6월)
- 제 205 회 레미콘 호칭강도의 정확한 이해 (2014년 7월)
- 제 206 회 중유동 콘크리트의 보급제안 (2014년 8월)
- 제 207 회 레미콘 업계의 치킨게임 문제 (2014년 9월)
- 제 208 회 혼화재료의 정의 및 분류 (2014년 10월)
- 제 209 회 AE제 (2014년 11월)
- 제 210 회 감수제·AE감수제 (2014년 12월)
- 제 211 회 고성능감수제·유동화제 (2015년 1월)
- 제 212 회 고성능AE감수제 (2015년 2월)
- 제 213 회 응결시간 조절제 (2015년 3월)

- 제 214 회　매스콘크리트의 온도균열지수　(2015년 4월)
- 제 215 회　매스콘크리트의 열특성 및 온도해석　(2015년 5월)
- 제 216 회　매스콘크리트의 인장강도와 온도응력 해석　(2015년 6월)
- 제 217 회　가뭄극복 레미콘 용수　(2015년 7월)
- 제 218 회　매스콘크리트의 시공　(2015년 8월)
- 제 219 회　매스콘크리트 응결시간차공법 적용　(2015년 9월)
- 제 220 회　응결시간차 공법의 실무적용사례　(2015년 10월)
- 제 221 회　매스콘크리트의 상·하부 수화발열량 및 시간차 조정공법　(2015년 11월)
- 제 222 회　콘크리트의 화학적 부식　(2015년 12월)
- 제 223 회　멍청한 실험, 위대한 발견　(2016년 1월)
- 제 224 회　자기수축 저감제의 개발　(2016년 2월)
- 제 225 회　자기수축 저감제의 실구조체 적용　(2016년 3월)
- 제 226 회　ERCO의 내구성 증진제 및 기타활용　(2016년 4월)
- 제 227 회　콘크리트 양생의 정의 및 개요　(2016년 5월)
- 제 228 회　콘크리트타설 표면의 양생순서와 시기　(2016년 6월)
- 제 229 회　콘크리트 양생방법과 재료　(2016년 7월)
- 제 230 회　양생용 버블시트의 개발　(2016년 8월)
- 제 231 회　동절기용 2중 버블시트 활용　(2016년 9월)
- 제 232 회　하절기용 백색 1중 버블시트의 활용　(2016년 10월)
- 제 233 회　콘크리트의 품질 신속 평가법 개요　(2016년 11월)
- 제 234 회　물리적원리에 의한 품질신속 평가　(2016년 12월)
- 제 235 회　화학적 원리에 의한 품질신속평가　(2017년 1월)
- 제 236 회　역학적 원리 및 기타에 의한 품질신속평가　(2017년 2월)
- 제 237 회　역학적 원리 및 기타에 의한 품질신속평가　(2017년 2월)
- 제 238 회　분체계 원자재의 인수검사(II)　(2017년 4월)
- 제 239 회　분체계 원자재의 인수검사(III)　(2017년 5월)
- 제 240 회　교회에서 간증을?　(2017년 6월)
- 제 241 회　슬럼프 시험　(2017년 7월)
- 제 242 회　서중환경시 거푸집 및 철근의 온도특성(1)　(2017년 8월)

- 제 243 회 서중환경시 거푸집 및 철근의 온도특성(2) (2017년 9월)
- 제 244 회 별것도 아닌 것을 (2017년 10월)
- 제 245 회 연구의 이삭줍기 (2017년 11월)
- 제 246 회 고유동 콘크리트의 개요 (2017년 12월)
- 제 247 회 고유동 콘크리트 자재 및 배합 (2018년 1월)
- 제 248 회 고유동 콘크리트 시공 (2018년 2월)
- 제 249 회 콘크리트용 골재 통합(I) (2018년 3월)
- 제 250 회 콘크리트용 골재 통합(II) (2018년 4월)
- 제 251 회 레미콘 8·5제에 관한 대책 (2018년 5월)
- 제 252 회 나무성장의 힘에 대한 고려 (2018년 6월)
- 제 253 회 시멘트의 운반 및 운반시 유의사항 (2018년 7월)
- 제 254 회 포틀랜드 시멘트의 종류와 특성 (2018년 8월)
- 제 255 회 혼합 시멘트의 종류와 특성 (2018년 9월)
- 제 256 회 특수 시멘트 (2018년 10월)
- 제 257 회 시멘트 생산에서 순환자원의 활용 (2018년 11월)
- 제 258 회 염소 및 알칼리 배출과 그의 활용 (2018년 12월)
- 제 259 회 황달에 안약을?(Ⅰ) (2019년 1월)
- 제 260 회 황달에 안약을?(Ⅱ) (2019년 2월)
- 제 261 회 오래 비우면 집이 망가진다 (2019년 3월)
- 제 262 회 시멘트의 화학성분 특성 (2019년 4월)
- 제 263 회 시멘트의 물리성능 특성 (2019년 5월)
- 제 264 회 외벽 마감 벽돌의 박락사고에 대한 소견 (2019년 6월)
- 제 265 회 2 %가 부족하다? (2019년 7월)
- 제 266 회 석탄가스화 복합발전 용융슬래그의 콘크리트용 골재화(Ⅰ) (2019년 8월)
- 제 267 회 석탄가스화 복합발전 용융슬래그의 콘크리트용 골재화(Ⅱ) (2019년 9월)
- 제 268 회 석탄가스화 복합발전 용융슬래그의 콘크리트용 골재화(Ⅲ) (2019년 10월)
- 제 269 회 콘크리트 내구성의 의미와 계획공용기간 (2019년 11월)
- 제 270 회 과다팽창 피해사례 (2019년 12월)

- 제 271 회　콘크리트의 줄눈(Joint) ( I )　(2020년 1월)
- 제 272 회　콘크리트의 줄눈(Joint) ( II )　(2020년 2월)
- 제 273 회　콘크리트의 최소피복두께　(2020년 3월)
- 제 274 회　우중 콘크리트　(2020년 4월)
- 제 275 회　콘크리트 배합설계　(2020년 5월)
- 제 276 회　레미콘의 생산시스템　(2020년 6월)
- 제 277 회　재료계량, 혼합, 운반 및 검사　(2020년 7월)
- 제 278 회　현장 내 운반, 타설준비 및 타설작업　(2020년 8월)
- 제 279 회　콘크리트의 다지기　(2020년 9월)
- 제 280 회　표면마감 처리　(2020년 10월)
- 제 281 회　콘크리트 구조물에서의 누수 및 방수　(2020년 11월)
- 제 282 회　수밀 콘크리트　(2020년 12월)
- 제 283 회　수중 콘크리트　(2021년 1월)
- 제 284 회　프리플레이스트 콘크리트　(2021년 2월)
- 제 285 회　프리캐스트 콘크리트　(2021년 3월)
- 제 286 회　프리스트레스트 콘크리트　(2021년 4월)
- 제 287 회　숏크리트( I )　(2021년 5월)
- 제 288 회　숏크리트( II )　(2021년 6월)
- 제 289 회　순환골재 콘크리트( I )　(2021년 7월)
- 제 290 회　순환골재 콘크리트( II )　(2021년 8월)
- 제 291 회　해양 콘크리트( I )　(2021년 9월)
- 제 292 회　해양 콘크리트( II )　(2021년 10월)
- 제 293 회　시멘트 포대의 크기　(2021년 11월)
- 제 294 회　하자에 대한 책임전가 문제　(2021년 12월)
- 제 295 회　카더라 콘크리트( I )　(2022년 1월)
- 제 296 회　카더라 콘크리트( II )　(2022년 2월)
- 제 297 회　후진국성 사고의 악연 끊기( I )　(2022년 3월)
- 제 298 회　후진국성 사고의 악연 끊기( II )　(2022년 4월)
- 제 299 회　눈가리고 아웅한다　(2022년 5월)
- 제 300 회　속임을 당하고 있다면?　(2022년 6월)

## 참고문헌

〈기본문헌〉

1. 한천구 ; 기술강좌 1회~300회, 레미콘·아스콘·골재, (주) 건설미디어, 1997. 8~2022. 7
2. 국가건설기준센터 ; 콘크리트 표준시방서, 2022
3. ACI ; ACI Manual of Concrete Practice Part 1~5, 1990
4. 국가기술표준원 ; KS F 4009 외 KS 규격집, 1961~현재
5. 한국콘크리트학회 ; 최신 콘크리트 공학, 기문당, 2011

〈Ⅰ원재료〉

6. 김무한, 신현식, 김문한 ; 건축재료학, 문운당, 2013
7. 대한건축학회 ; 건축재료, 기문당, 2022
8. 한천구 ; 콘크리트의 특성과 배합설계, 기문당, 2011
9. 김수마 ; 건설재료공학-1, 기술공단, 1985
10. 한천구 감수, 한민철 외 6인 ; 건축재료실험, 기문당, 2022
11. 환경부 ; 폐기물 관리법, 2013
12. 한국콘크리트학회 ; 콘크리트와 환경, 기문당, 2016
13. 이동주 ; CBS-Dust의 공학적 특성 및 고로슬래그 미분말을 사용하는 콘크리트에의 활용, 청주대 박사학위논문, 2020.8
14. 한민철, 이동주 ; 시멘트 생산시 발생하는 Chlorine Bypass System Dust의 물리 및 화학적 특성, 한국건설순환자원학회 논문집, 제7권, 4호, pp. 310~315, 2019
15. 한민철, 이동주 ; Chlorine Bypass System Dust를 알칼리 자극제로 사용한 고로슬래그 시멘트 모르타르의 공학적 특성, 한국건설순환자원학회 논문집, 제8권, 2호, pp. 235~244, 2020
16. 한국서부발전주식회사, 한국교통대학 산학협력단 ; 석탄가스화 용융슬래그(CGS)를 활용한 건설재료 개발 및 실용화 최종보고서, 2020

17. 박경택 ; 석탄가스화 용융슬래그의 콘크리트용 골재화 가능성 분석, 청주대 박사학위논문, 2019.8
18. 韓千求外 5人 ; 石炭ガス化発電スラグ(CGS)をコンクリ―ト用細骨材としての活用可能性分析(1~3)、日本建築学会学術発表、2019
19. 한천구 ; 세대난간 중간지지대 등 기울림(크랙포함)현상 원인규명, 덕일 한마음 아파트 소견서, 2019.10

〈II 보통 콘크리트〉

20. 한천구 ; 콘크리트의 특성과 배합설계, 기문당, 2011
21. 日本建築学会 ; コンクリ―トの調合設計指針·同解説, 2015
22. 日本建築学会 ; 鐵筋コンクリ―ト施工指針·同解説(JASS-5), 2015
23. 한천구 ; 아세아시멘트 기술교육자료, 2014.3~2017.12
24. 日本建築学会 ; コンクリ―トの品質管理指針·同解説, 2015
25. 장기인 ; 건축시공학, 보성각, 1994
26. 한국콘크리트학회 ; 콘크리트 양생, 기문당, 2015
27. 신용섭 ; 개량형 Durometer에 의한 콘크리트의 응결추정 및 표면마감 작업시간 관리방법 제안, 청주대 박사학위논문, 2012
28. 한천구, 한민철, 신용섭 ; 콘크리트의 응결시간 판정시 개량형 듀로미터의 사용 가능성 분석, 한국건축시공학회논문집, 제20권 5호 pp. 358~366, 2019
29. 한민철, 한인덕, 신용섭 ; Durometer를 이용한 콘크리트의 응결시간 추정 가능성 분석, 한국건설순환자원학회 논문집, 제7권 4호, pp. 358~366, 2019
30. 한수환 ; 듀로미터 추정침 직경변화가 모르타르의 응결 및 초기압축강도 추정에 미치는 영향, 청주대 석사학위논문, 2022
31. 한수환, 김종, 한민철, 한천구 ; 응결시간 추정기에 의한 콘크리트 표면 마감 시간 관리의 가능성 분석, 대한건축학회 논문집, 제38권 3호, pp. 241~247, 2022
32. 국가건설기준센터 : KDS 14 20 50(콘크리트 구조, 철근상세설계기준) 2022
33. 정상진 외 7인 ; 건축시공학, 기문당, 2003
34. 부산일보 ; 외벽 마감 벽돌의 박락 사고, 2019.5.22

〈III 특수 콘크리트〉

35. 대한건축학회 ; 건축재료, 기문당, 2022
36. 김영삼 ; 국내산 노출형 우레탄 도막 방수재의 내후성 평가를 통한 KS 품질기준 개선, 청주대 박사학위논문, 2016
37. 국가건설기준센터 ; KCS 14 20 30(수밀콘크리트), 2022
38. 한천구 ; 아세아시멘트 기술교육자료, 수밀·수중 콘크리트, 2017.2
39. 국가건설기준센터 ; KCS 14 20 43(프리플레이스트 콘크리트), 2022
40. 정상진 외 7인 ; 건축시공학, 기문당, 2003
41. 국가건설기준센터 ; KCS 14 20 52(프리캐스트 콘크리트), 2022
42. 장기인 : 건축구조, 보성각, 1983
43. 국가건설기준센터 ; KCS 14 20 53(프리스트레스 콘크리트), 2022
44. 국가건설기준센터 ; KCS 14 20 51(숏크리트), 2022
45. 국가건설기준센터 ; KSC 14 20 21(순환골재 콘크리트), 2022
46. 송영우 ; 5~13 mm 순환골재를 치환 사용한 불연속 입도 콘크리트의 성능개선 및 현장 적용성 평가, 청주대 박사학위논문, 2017.8
47. 한국건설신문 ; '순환골재 콘크리트' 국내 건축물 본격 실용화, 2021. 6. 28
48. 한국콘크리트학회 ; 콘크리트 표준시방서 해설, 기문당, 2009
49. 국가건설기준센터 ; KCS 14 20 44(해양 콘크리트), 2022

〈IV 레미콘 품질관리〉

50. 대한건축학회 ; 건축재료, 기문당, 2022
51. 한천구 ; 레미콘 호칭강도의 정확한 이해, 한국건설기술관리협회지, 2015.11
52. 변항용 ; 고려 ENC 홍보자료
53. 국토교통부 보도자료 ; HDC 아파트 붕괴사고 주요 원인은 "무단구조변경", 2022.3.14
54. 쿠키뉴스 ; 국민 안전보다 돈?, 2022.3.18.

저자 / 한천구(韓千求)

- 청주대학교 이공대학 건축공학과, 공학사
- 단국대학교 대학원 석사과정, 공학석사
- 충남대학교 대학원 박사과정, 공학박사
- 일본 북해도대학 Post Doctoral Fellowship 연수
- 건축기술사(건축시공, 건축품질시험)
- 충북도, 청주시 및 기타 시군 건축심의위원 역임
- 건설미디어사「레미콘·아스콘·골재」편집 자문위원
- 건축기술사 시험 출제·채점·면접위원 역임
- 하자심사분쟁조정위원회, 중앙건축위원회,
  중앙건설위원회 위원 역임
- 한국건설품질기술사회 회장 역임
- 대한건축학회 충북지회장 역임
- 한국콘크리트학회 부회장 역임
- 한국건설순환자원학회 회장 역임
- 한국건축시공학회 회장 역임
- 청주대학교 기획처장, 대학원장 역임
- 현 청주대학교 명예 석좌 교수

레미콘 · 건축 · 토목공사의 품질관리를 위한

# 레미콘 품질관리(Ⅵ)

**2023년 2월 15일 1판 1쇄 인쇄**
**2023년 2월 20일 1판 1쇄 발행**

| | |
|---|---|
| **저 자** | 한 천 구 |
| **발 행 인** | 강 해 작 |
| **발 행 처** | 기 문 당 |
| **주 소** | 서울시 성동구 무학봉 28길 4-1 |
| **전 화** | 02)2295-6171(代)~5 |
| **팩 스** | 02)2296-8188 |
| **출판등록** | 1976. 10. 7(1976-2) |
| **홈페이지** | http://www.kimoondang.com |
| **I S B N** | 978-89-6225-960-5 93540 |